常用办公工具应用技巧

博蓄诚品 编著

全国百佳图书出版单位
化学工业出版社
·北 京·

内容简介

本书以“图解”的形式对电脑端和移动端常用办公工具的使用方法和技巧进行了介绍，让读者学得会、用得好。

全书共9章，分别介绍了软件的安装与卸载，文件管理类、图像处理类、音视频处理类、文档处理类、团队协作类、远程办公类、杀毒防毒类、系统管理及优化类软件的应用与注意事项。书中重点难点一目了然，案例安排贴近实际需求，引导读者边学习、边思考、边实践，使读者不仅知其然，更知其所以然。

本书采用全彩图解，版式轻松，语言通俗易懂，配套了二维码视频讲解，学习起来更高效更便捷。同时，本书附赠了丰富的学习资源，为读者提供高质量的学习服务。

本书非常适合想提高办公效率的职场人士阅读，也适合在校师生使用，还可作为相关培训机构的教材及参考书。

图书在版编目（CIP）数据

秒懂常用办公工具应用技巧/博蓄诚品编著. —北京：化学工业出版社，2023.4
ISBN 978-7-122-42930-8

Ⅰ.①秒…　Ⅱ.①博…　Ⅲ.①办公自动化-应用软件　Ⅳ.①TP317.1

中国国家版本馆CIP数据核字（2023）第023294号

责任编辑：耍利娜　　文字编辑：吴开亮
责任校对：宋　玮　　装帧设计：尹琳琳

出版发行：化学工业出版社（北京市东城区青年湖南街13号邮政编码100011）
印　　装：河北京平诚乾印刷有限公司
880mm×1230mm　1/32　印张8　字数232千字　　2023年6月北京第1版第1次印刷

购书咨询：010-64518888　　售后服务：010-64518899
网　址：http://www.cip.com.cn
凡购买本书，如有缺损质量问题，本社销售中心负责调换。

定　价：59.80元

前言

PREFACE

互联网时代，大量新技术、新工具的使用不仅提高了办公的效率，也极大地提高了办公成品的美观度。但很多读者却不了解这些新工具的使用方法。针对这种情况，本书精选了大量实用的办公类软件，并详细地介绍了这些软件的使用方法。

本书在介绍各种应用软件的同时，也融合了操作系统的基本使用方法，知识面涵盖更广、实用性更强。

1. 本书内容安排

本书内容丰富翔实，以实际操作为主，细致全面地对各种工作场合常用的软件及软件的具体应用方法进行了阐述。

经典的10款实用工具：

① 下载工具：IDM——多线程下载、“榨干”带宽、资源嗅探。

② 加密软件：Encrypto——体积小巧、安全快速。

③ 数据恢复：EasyRecovery——深度扫描、成功率高。

④ 截图工具：QQ截图——方便快捷、功能全面。

⑤ 视频播放：PotPlayer——支持格式全面、资源占用少。

⑥ 视频编辑：剪映——上手简单、效果出众。

⑦ 文档搜索：FileLocator Pro——文档内容搜索、更实用。

⑧ 内网共享：内网通——内部聊天、共享文件、访问共享快速搞定。

⑨ 文档协作：腾讯文档——覆盖面广、使用方便、功能强大。

⑩ 远程办公：ToDesk——免费、不限制、可绑定多个设备、画质好、速度快。

2. 选择本书的理由

（1）系统全面，涵盖广

本书内容覆盖了日常办公所需要的各种工具，通过对本书的学习，读者在办公时可轻松应对各种需求。不仅如此，本书还介绍了大量的操作系统使用知识，从软件到操作系统，一本书轻松搞定。

（2）精挑细选，扩展强

书中介绍的软件经过认真挑选，在市场占有率、代表性和易用性方面都居于前列。软件安全性高、实用性强，掌握了本书介绍的软件，可以轻松使用同类的其他软件。

（3）紧跟发展，不脱节

本书紧跟计算机技术发展，使用的软件版本也都是较新的，读者学习后与实际应用不脱节，在很长一段时间内都可以轻松使用这些软件。

（4）针对性强，学得会

根据新手及办公人员的实际情况，本书在语言组织、案例选取等方面进行了多次优化，新手入门无压力，高手也可查漏补缺，适合各种类型的读者学习。

（5）交流解惑，售后稳

本书专门建立了QQ交流群（群号599823109），为读者答疑解惑，并定期发布最新的软件和使用技巧，使读者有更好的学习体验。

3. 学习本书的方法

（1）学以致用

上手使用是学习和记忆的最佳方法，通过使用可快速掌握书中内容和知识点。在阅读和学习了软件的作用和使用方法后，就可以下载安装并实际操作了。在使用中，确定软件是否适合自己，是否有其他的功能可以帮助自己，会不断有小惊喜等着你。

（2）思考与联想

结合自己的工作和遇到的问题，使用软件寻找解决问题的方法和思路，逐步地提高工作效率。在这个过程中，需要不断地思考，而不是机械式地使用，这样才能更好地完成工作。

（3）学会搜索与提问

搜索和提问是提高自学能力与工作效率的关键。学会使用搜索引擎，可以方便快速地找到问题的解决方法。在搜索问题时，关键字和问题的描述尤为重要。

4. 本书的读者对象

✓ 办公基础薄弱的新手；
✓ 有基础但不能熟练应用工具的职场人士；
✓ 想要自学办公软件的爱好者；
✓ 需要提高工作效率的办公人员；
✓ 刚毕业即将踏入职场的大学生；
✓ 大、中专院校以及培训机构的师生。

本书在编写过程中力求严谨细致，但由于时间与精力有限，疏漏之处在所难免，望广大读者批评指正。

编者

目录

CONTENTS

第1章 我的常用工具

第2章 文件管理软件

---

[1] 书中对实用、好用且易被忽略的工具做了特别推荐，详见标题带☆的章节。

第3章 图像处理软件

第4章 音视频处理软件

第5章 文档处理软件

第6章 团队协作软件

第7章 远程办公软件

第 8 章 杀毒防毒软件

第 9 章 系统管理及优化软件

扫码观看
本章视频

第1章 我的常用工具

对办公一族来说，保质保量并快速处理好各种事务是日常工作最基本的要求，例如处理各种文档、演示文稿、视频、音频等。在这个过程中，需要办公人员具备多方面的知识，尤其是熟悉各种电脑办公工具的使用方法。

1.1 我的电脑工具观

很多职场新手往往只会电脑的基础应用，而这对于互联网时代的多媒体应用需求来讲，是远远不够的。若想在工作中有所建树，提高工作效率是关键。若想提高效率，最基本的一点就是了解并掌握电脑工具的日常应用。

1.1.1 正确认识工具

对电脑而言，硬件是“身体”，软件是“灵魂”，两者缺一不可。软件的涵盖面比较广，它可以分为操作系统和应用工具两种。

（1）操作系统

操作系统是指管理和控制电脑运行的各种硬件，以及支持应用工具开发与运行的特殊软件。比较常见的是Windows系列操作系统，如Windows 10和Windows 11，如图1-1所示。又如Mac系统、Linux系统、Android系统、鸿蒙系统等。

图1-1

（2）应用工具

应用工具是运行于操作系统之上的软件。常见的有视频播放工具、音频播放工具、看图工具、聊天工具、硬件检测工具、浏览器、下载工具、辅助设计类工具等，如图1-2所示是Photoshop图像处理工具。

图1-2

注意事项:

日常所说的“电脑工具（或应用工具）”从专业角度讲，属于电脑应用软件的分支，因此也被称为电脑软件（也简称“软件”），二者无本质区别。

1.1.2 区分PC端与移动端

随着互联网和智能终端科技的高速发展，移动办公已被很多职场人所认可。它可以不限地点、不限时间、随时随地处理办公事务。相较于传统的电脑（PC）端办公，移动端办公App（应用软件）更具灵活性，如图1-3所示。

图1-3

1.2 常见办公工具分类

日常办公工具可分为很多种，如文件管理类、图像处理类、音视频处理类、文档处理类、远程办公类、杀毒防毒类、管理及优化类等。

1.2.1 文件管理类

电脑文件管理是办公人员的必备技能，包括文件下载、文件压缩和解压、文件查找、文件同步、文件加密、文件恢复等，如图1-4所示为利用RAR压缩软件压缩文件。

图1-4

1.2.2 图像处理类

图像处理主要包括图像的查看、编辑、添加特效等，常见的图像处理工具有Photoshop、看图工具ACDSee、截图工具Snagit等，如图1-5所示为利用Snagit截取的屏幕图像。

1.2.3 音视频处理类

这类工具主要用于对各种音频或视频文件进行查看、录制、剪辑、效果合成等。常见的有视频播放工具、视频剪辑工具以及各类屏幕录制工具等，如图1-6所示为利用剪映专业版剪辑视频的画面。

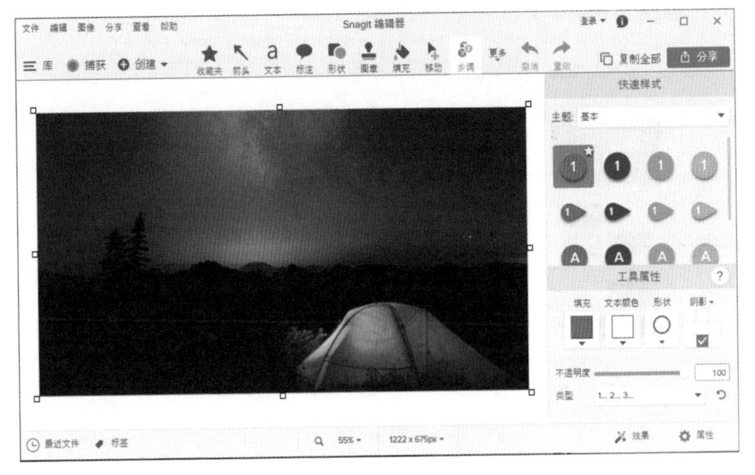

图1-5

图1-6

1.2.4 文档处理类

这类工具主要是针对文字、表格、幻灯片等文档进行各种处理。例如常见的MS Office系列组件、WPS Office等，都是非常专业的文档处理工具，如图1-7所示为WPS演示操作界面。

图1-7

1.2.5 远程办公类

利用这类工具可以远距离操控电脑，多台电脑同时运作，大大提高了工作效率。常见的远程办公类工具有TeamViewer和ToDesk等，如图1-8所示为利用ToDesk工具远程操控其他电脑。

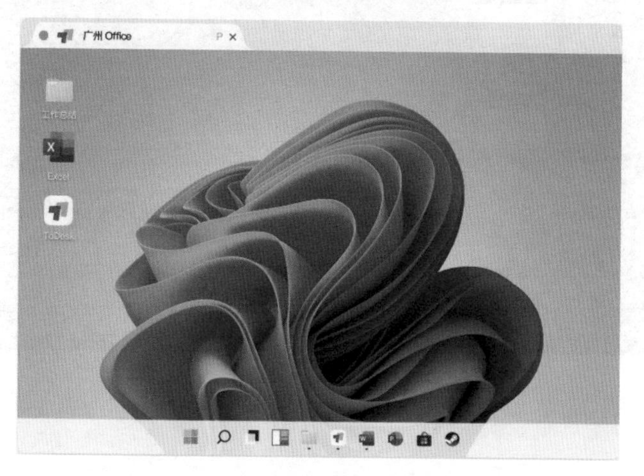

图1-8

1.2.6 杀毒防毒类

这类工具主要用于电脑的日常防护，利用它可以有效防止各种病毒、木马及网络威胁等危害电脑。常见的杀毒防毒类工具有腾讯电脑管家、360安全卫士、火绒安全软件等，如图1-9所示为腾讯电脑管家的管理界面。

图1-9

1.2.7 管理及优化类

电脑在使用过程中会产生各种碎片垃圾及无效文件，办公人员则需要让电脑时刻保持高效运行的状态，所以对电脑的管理和优化是必不可少的。如图1-10所示为腾讯电脑管家清理垃圾文件的界面。

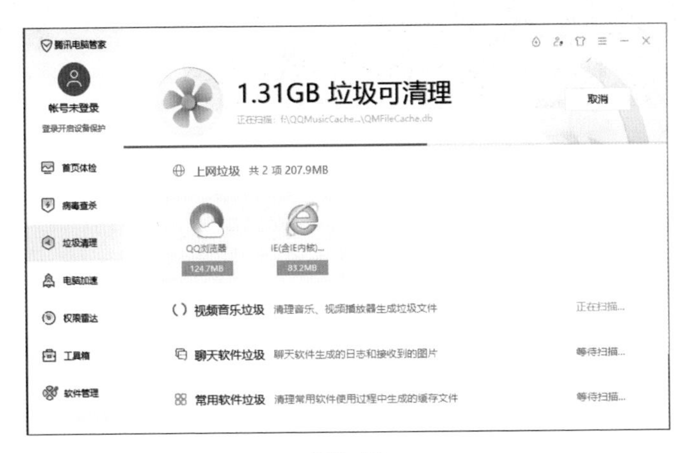

图1-10

1.3 工具的安装与卸载

在介绍具体的办公工具前，首先需要了解电脑工具的基本操作，其中包括查找、下载、安装及卸载等。

1.3.1 查找与下载

电脑工具的下载渠道非常多，建议用户从相应的官方网站中下载。不建议使用破解版、优化版、增强版等被第三方修改后的版本，以防电脑被植入病毒、木马、后门等恶意程序。

下面就以下载剪映专业版为例，来介绍电脑工具查找与下载的正确方法。

利用百度搜索到剪映的官方网站，进入后单击“立即下载”按钮，浏览器会自动启动下载功能并将文件保存到默认的下载目录中，如图1-11所示。用户按照下载路径即可查找到剪映的安装程序。

图1-11

知识链接：

在使用百度搜索官方网站时，需选择带有“官方”标志的链接选项，如图1-12所示。不建议选择其他链接选项。正常大小的安装程序基本上是在几十到几百MB之内。如在第三方网站下载的安装程序大小只有几百KB，那么这很可能是下载器，启动后会下载很多垃圾软件，而且下载的程序也不一定是正版的，具有一定的安全隐患。

图1-12

1.3.2 软件的安装

从安装类型来说，软件分为安装版和绿色版两种。安装版是需要先安装，再运行；而绿色版是无须安装直接就可以运行，但绿色版与系统的关联性及稳定性没有安装版高。

在进行安装时，用户只需根据安装向导来操作即可。下面就以安装剪映专业版为例来介绍其安装方法。

双击剪映安装程序，可启动安装向导界面，勾选同意协议，单击“更多操作”下拉按钮，进入安装设置界面。设置好安装路径，单击“立即安装”按钮即可，如图1-13所示。

图1-13

注意事项：

在选择安装位置时，不建议选择C盘（系统盘），因为这会占用C盘的预留空间。另外，很多软件设置了“开机启动”项，在安装时建议取消勾选，以提高开机速度。此外，用户在安装时，经常会被动安装其他相关的软件，如图1-14所示，在设置安装选项时，需要取消这些软件的勾选。

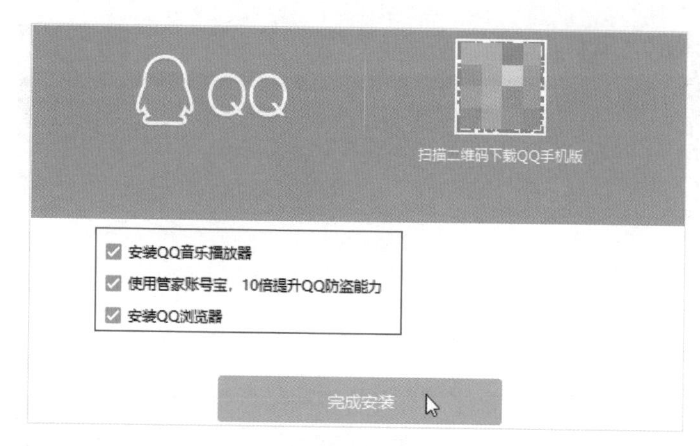

图1–14

1.3.3 软件的卸载

如果要删除不需要的软件，需要通过正常的卸载步骤来操作。如果直接删除软件所在的文件夹，可能会造成关联文件丢失，出现操作系统报错或崩溃的状况。下面以卸载QQ为例来介绍正确的操作方法。

（1）使用“添加或删除程序”卸载软件

使用操作系统自带的软件管理功能可以查看并卸载安装的软件。

图1–15

在桌面左下角的搜索框中输入关键字找到“添加或删除程序”，单击“打开”按钮，如图1-15所示。在打开的“应用和功能”界面中选择QQ应用程序，单击“卸载”按钮，如图1-16所示。

系统会自动收集软件安装的记录并进行卸载。完成后单击“确定”按钮，如图1-17所示。

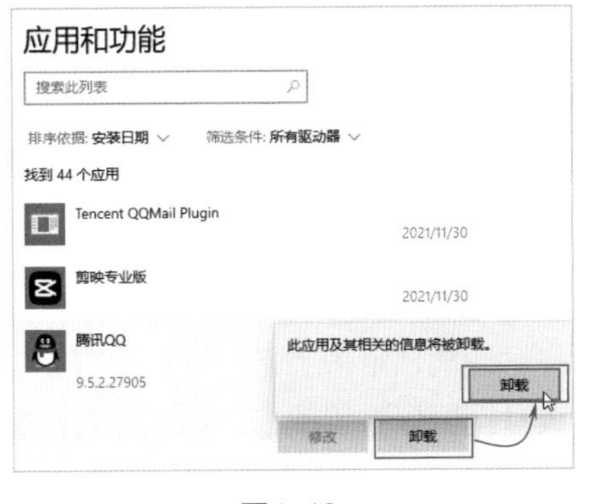

图1-16

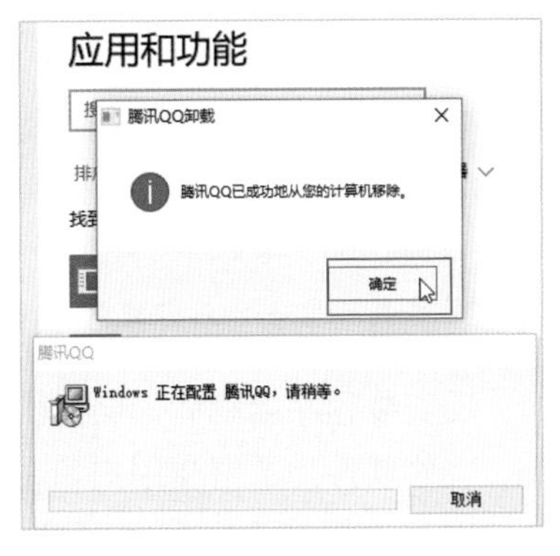

图1-17

（2）使用软件自带的反安装程序卸载

一般的安装版软件会带有反安装程序，也就是卸载程序。用户也可利用该程序进行卸载。

右击QQ应用程序，选择“属性”选项，在打开的“腾讯QQ属性”对话框中单击“打开文件所在的位置”按钮，在打开的软件目录界面中找到相应的反安装程序，双击即可启动，如图1-18所示。

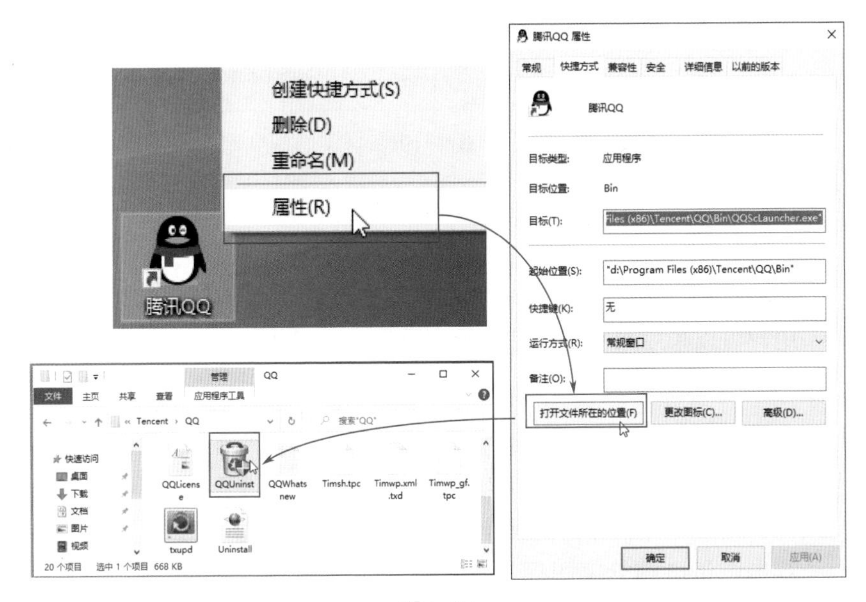

图1-18

知识链接：

常见的反安装程序的文件名为“Uninst”，或含有该英文的程序文件，位置在软件的安装目录中，用户可以通过搜索该关键字查找文件。而使用“添加或删除程序”其实就是调用软件的反安装程序，只是有些软件的反安装程序隐藏在其他位置，只有使用“添加或删除程序”才能找到。

反安装程序启动后，会弹出卸载对话框，单击“是”按钮即可。

有些软件为了留住用户，在卸载时设置了重重关卡，如在卸载向导界面中将“卸载”功能隐藏到不起眼的位置，如图1-19所示，有时在卸载时还会误导用户安装其他软件。这时，用户则需仔细查看文字说明，以防掉入陷阱中。

图1-19

1.3.4 使用第三方管理工具

当出现被动安装了多款软件，或者某款软件无法正常卸载的情况时，用户可以采用第三方管理工具来进行相关操作。

（1）启动并查找软件

市面上的管理工具很多，大多集成在安全软件中，如360安全卫士、腾讯电脑管家等。下面以腾讯电脑管家的“软件管理”为例，来介绍软件下载设置与软件查找操作。

双击腾讯电脑管家图标，进入主界面。选择“软件管理”→“菜单”→“设置”选项，如图1-20所示。在“设置中心”界面中选择

“下载安装”选项卡，设置好下载的保存路径和安装路径，并选择“安装完成后，自动删除下载的安装包”单选按钮，单击“确定”按钮，返回上一层界面。查找软件时在搜索框中输入软件名称，如“winrar”，单击“搜索”按钮即可找到，如图1-21所示。

图1-20

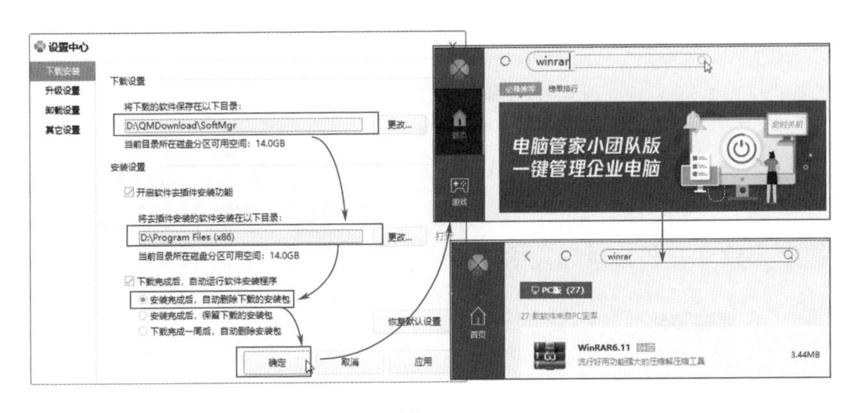

图1-21

单击软件选项可进入简介界面，可查看软件的介绍、界面、版本、评分、官网以及用户评价等信息，如图1-22所示。

（2）安装软件

在搜索结果界面中单击“一键安装”按钮，系统会自动进行安装，如图1-23所示。

图1-22

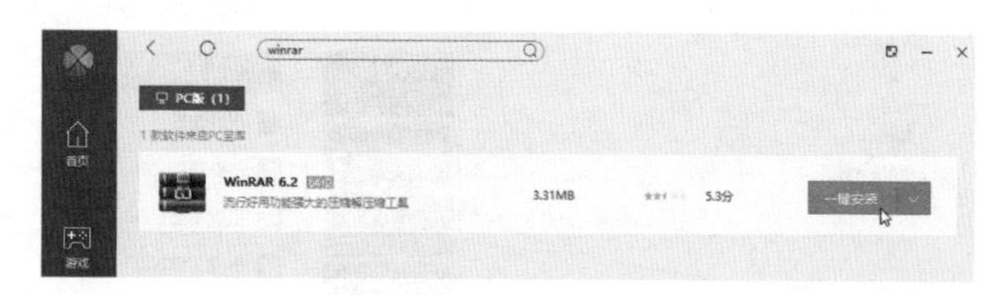

图1-23

知识链接:

单击“一键安装”右侧下拉按钮，可以选择“普通安装”，此时系统会启动软件的安装向导，由用户手动进行安装。

安装完成后，单击“打开软件”右侧下拉按钮，还可执行“重装”“卸载”等操作，如图1-24所示。如果选择“安装目录”选项，可快速进入软件安装目录列表中。

图1-24

(3) 升级软件

如果想要升级软件版本，可在“软件管理”界面中选择“升级”选项卡，检查当前电脑中是否有需要升级的软件。如果有，则单击其后的

"升级"按钮，如图1-25所示。

图1-25

知识链接：

如果希望提高软件的稳定性，用户可以只升级"正式版"列表中的软件。如果想获取软件的最新功能，可以在"测试版"列表中选择软件升级。

（4）查看及卸载软件

通过"软件管理"界面可以查看所有安装的软件，也可以卸载不需要的软件。

在"软件管理"界面中选择"卸载"选项卡，可以按照类别查看所有已经安装的软件，如图1-26所示。

图1-26

单击右上角"频率排序"下拉按钮，选择"安装时间"选项，系统会将最近安装的软件显示在前列。单击软件的"卸载"按钮，此时会启动软件的反安装程序，单击"是"按钮可自动卸载，如图1-27所示。

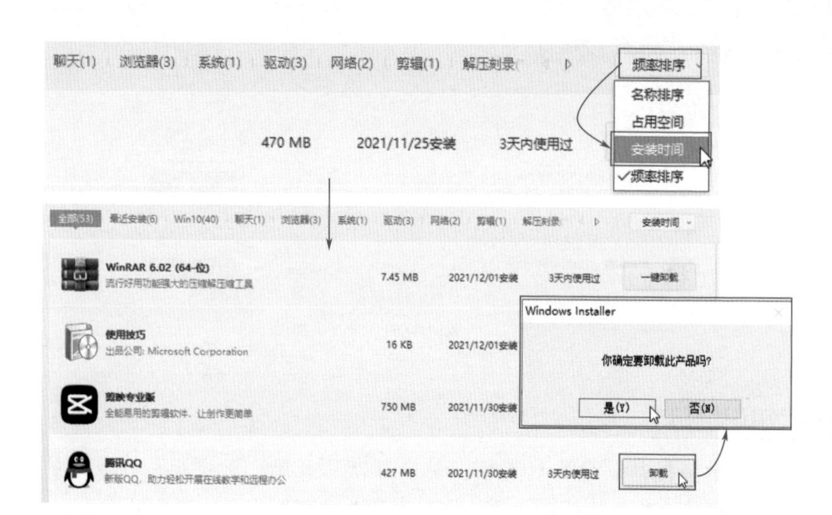

图1-27

卸载完毕后会弹出完成提示，并扫描残留信息。单击“强力清除”按钮，可清除所有残留内容，如图1-28所示。

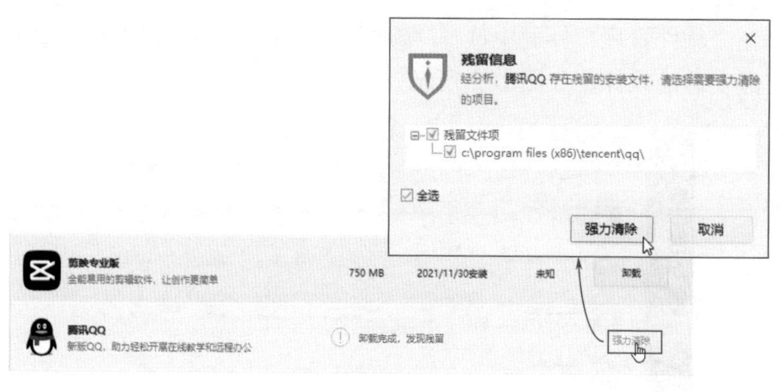

图1-28

注意事项:

电脑中的各种工具、程序从专业的角度来说都可称作“软件”，“工具”只是口语化的表述。在电脑使用和管理中，一般仍然使用“软件”。为了便于搜索、查找、使用及保持一致性，此后的章节中将沿用“软件”这一表述。

扫码观看
本章视频

第 2 章 文件管理软件

办公人员首要的任务就是处理好各种文件，按照任务要求对文件进行分类整理、收发传递等操作。在文件的管理过程中，主要涉及文件的下载、压缩与解压、加密与解密等知识。本章将对一些常用的文件管理软件进行说明，希望能够提高办公人员的工作效率。

2.1 文件下载软件

在日常工作中，经常需要从网络中下载各类文件或软件。选择恰当的下载方式，可以减少不必要的麻烦。本节将对一些常用的下载方式进行介绍。

2.1.1 使用浏览器下载文件

第1章介绍了使用Windows自带的浏览器下载软件的方法。如果用户使用的是第三方浏览器，如QQ浏览器，那么可按照以下方法进行下载。

启动QQ浏览器，选择好要下载的文件或软件，进入下载页面。单击“直接下载”按钮，此时会打开“新建下载任务”界面，设置好保存的文件名及保存位置，单击“下载”按钮。在“下载管理器”中可以查看下载的进度，完成后可以单击“打开文件夹”按钮查看下载的文件，如图2-1所示。

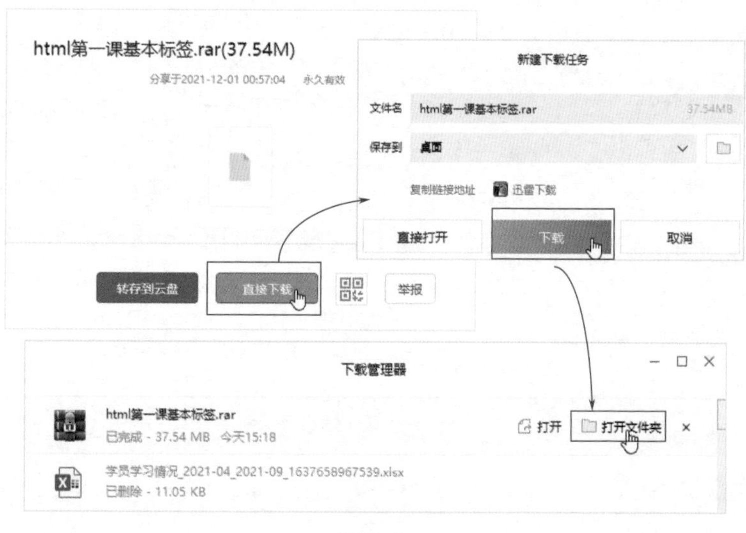

图2-1

在“新建下载任务”界面中可以查看文件或软件的大小，确定是否为所需文件。若单击“复制链接地址”按钮，可使用其他下载工具下载，或者将链接发送给其他人。

知识链接：

如果文件或软件需要多次使用，则建议下载到本地；如果仅使用一次，例如软件安装包，可单击“直接打开”按钮，软件会下载到临时文件夹，清理系统时会自动删除该安装包。

2.1.2 使用迅雷下载文件

迅雷堪称经典的下载软件，使用率很高。它支持的资源种类非常多，如果不是特别冷门的资源，使用迅雷下载，其速度还是比较快的。迅雷支持电脑、手机等多种终端。支持的资源有常见的网页资源（http、https、ftp）、BT资源（torrent种子）、磁力资源（magnet:）、ED2K资源（ed2k://）、迅雷专用资源（thunder://）等。

（1）使用迅雷下载网页文件

下载并安装了迅雷后，迅雷会添加浏览器的下载支持。在下载资源前，建议先启动迅雷。下面就以下载WPS Office软件为例，来介绍迅雷下载的操作。

在金山官网中找到WPS Office资源下载界面，将光标悬停在“立即下载”上，在弹出的下拉列表中选择“Windows版”选项，在打开的“新建下载任务”界面中单击“迅雷下载”按钮，如图2-2所示。

图2-2

注意事项：

在安装了迅雷后，有些浏览器会直接弹出迅雷的“新建下载任务”对话框。有些浏览器需要从对话框中启动迅雷下载。

图2-3

在迅雷“新建下载任务”对话框中，根据需要设置好文件名及下载位置。这里建议将下载位置设置到非系统分区（非C盘）的专用文件夹中，以方便统一管理。取消勾选“云盘”复选框，单击“立即下载”按钮，如图2-3所示。

在迅雷下载界面中会显示下载进度。下载完毕后可根据设置的路径查看文件。在下载过程中可随时暂停或继续下载。

（2）手动创建资源下载

迅雷会在有下载任务时，自动接管浏览器的下载。用户也可以手动启动迅雷，新建下载。在“新建下载任务”界面中复制下载链接后，启动迅雷，在主界面单击“新建”按钮，将下载链接复制到文本框中，单击“确定”按钮，如图2-4所示。迅雷会自动解析该地址，并打开下载对话框，启动下载即可。在粘贴下载链接时，可以一次粘贴多个，实现批量下载。

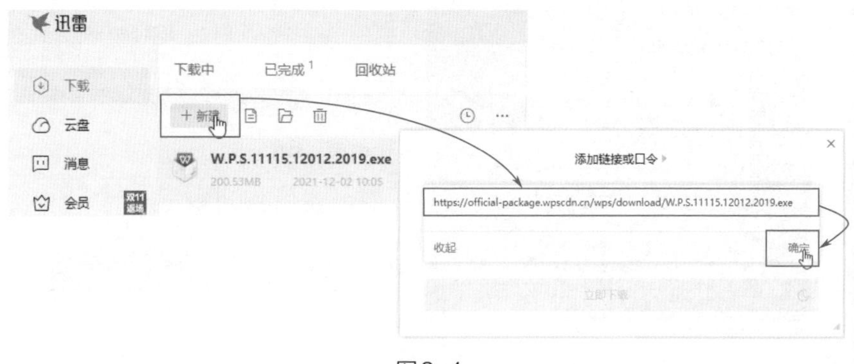

图2-4

（3）剪切板监测

迅雷可以实时监测用户的剪切板，发现下载链接后，自动新建下载任务。当接收到好友发送的下载链接，或者在文档中遇到下载链接时，可先启动迅雷，然后手动复制下载链接，或单击下载链接，自动启动迅雷并新建下载任务，如图2-5所示。

图2-5

（4）优化迅雷配置

根据用户的操作习惯和使用环境对迅雷进行优化后，使用起来才能更得心应手。下面将介绍迅雷常见的一些优化项目。

在迅雷主界面中，单击右上角的“菜单”按钮，单击“设置”选项，在“基本设置”选项卡中取消勾选“开机启动迅雷”复选框，如图2-6所示。

图2-6

在“接管设置”选项卡中根据需要设置是否需要监测剪切板、支持哪些浏览器的下载，以及哪些资源使用迅雷下载等，如图2-7所示。在

“下载设置”选项卡中，调整默认的下载目录、下载时的线程数，如图2-8所示。

图2-7

图2-8

知识链接：

资源在存储时被分成多个部分，下载时可配合浏览器的多线程功能，同时下载可以提高下载速度。但线程数不宜设置过多，以免被服务器拒绝。

在“高级设置”选项卡中，修改下载视频的播放关联，单击“系统默认”单选按钮，以防止用户在迅雷中查看下载完成的视频文件时，自动安装其他软件。

☆2.1.3 使用IDM下载文件

IDM（Internet Download Manager，网络下载管理器）是一款专业下载工具。它与其他的浏览器插件及资源链接转换配合，可以下载一些特殊的资源。IDM主要用于普通的浏览器下载（http、https和ftp），其他的资源下载暂时不支持或需要转换。

用户可在IDM的官方网站下载该软件。IDM是国外的软件，虽然主页是英文，但可支持多种语言。

（1）使用IDM关联浏览器

IDM关联了一些主流的浏览器，如Edge、Chrome等。但如果使用了其他浏览器，需要手动管理。

启动IDM软件，在菜单栏中选择“下载”→“选项”，在打开的对话框中切换到“常规”选项卡，单击“添加浏览器”按钮，找到QQ浏览器的启动文件，选择并单击“打开”按钮，此时，QQ浏览器已经被添加至列表中，单击“确定”按钮即可，如图2-9所示。

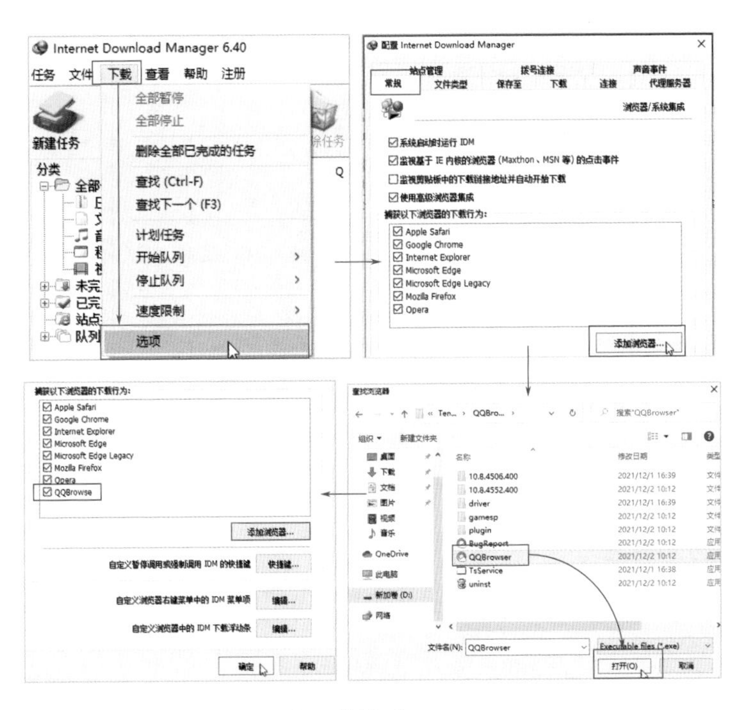

图2-9

（2）使用IDM下载资源

IDM下载资源时无须先启动软件，在“嗅探”到资源后，它会自动启动。例如，进入剪映官方下载页面，单击“立即下载”按钮，系统会启动IDM，并打开“下载文件信息”界面。设置好保存位置后，单击“开始下载”按钮，进入下载界面，在此可看到总进度、速度、每个线程的进度情况等，如图2-10所示。

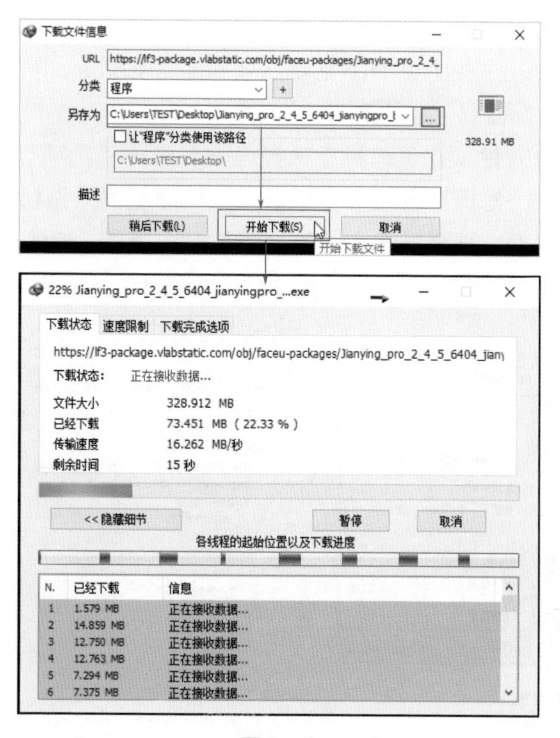

图2-10

注意事项：

使用IDM下载资源时，一定要等到其解析成功（可以显示下载的文件大小）后，才能正常下载。

下载完毕后，IDM会将下载的数据块组合成一个完整的文件或程序，用户可打开文件和程序，也可以访问下载的位置，查看下载的文件或程序。

（3）管理下载的文件

IDM会在列表中保存已经下载的文件或程序信息。右击所需的文件或程序，可进行打开、重新下载、移除、查看文件属性等操作，如

图2-11所示。

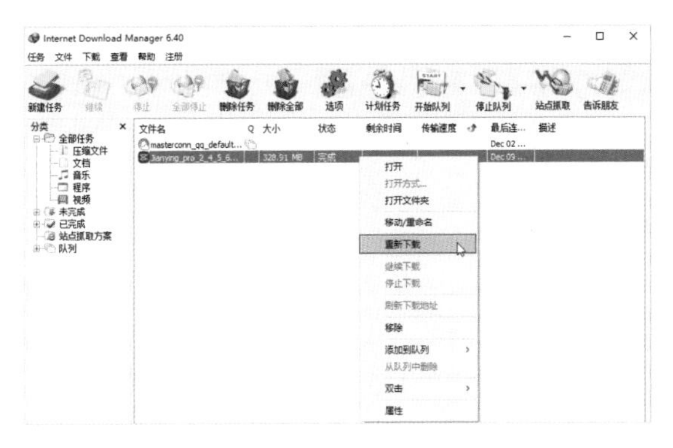

图2-11

（4）设置IDM的监视规则

IDM可以实现的功能很强大，通过IDM的选项可以设置各种下载参数，例如，在何时启动下载。打开IDM主界面，单击“选项”按钮，切换到“常规”选项卡，在此可以设置IDM监视的内容，如图2-12所示。

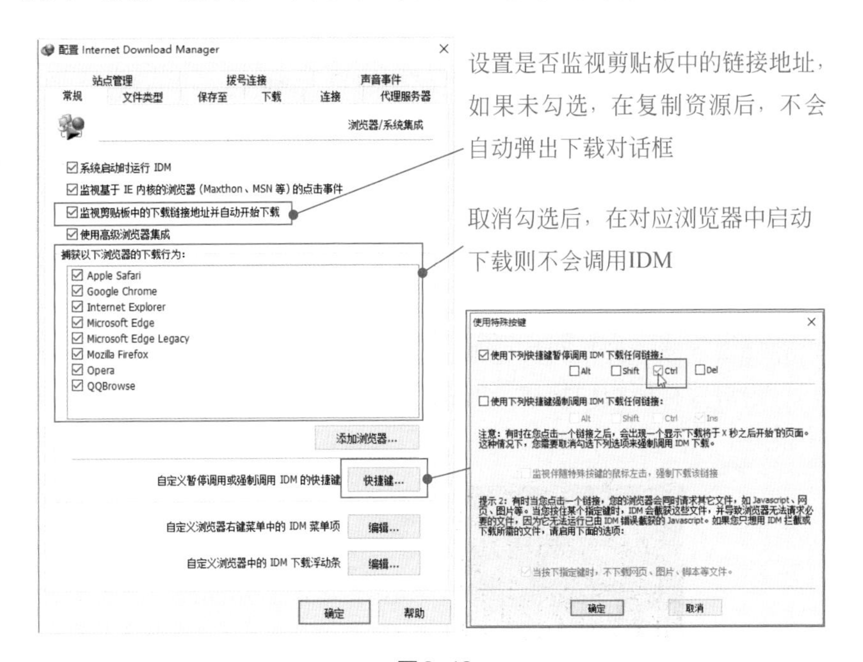

图2-12

知识链接：

当安装了多个下载工具时，如果指定使用IDM下载，则勾选“使用下列快捷键强制调用IDM下载任何链接”复选框，根据习惯勾选所需的快捷键，确定后按住快捷键单击链接或下载按钮，就会强制调用IDM下载该资源。

（5）设置用户代理

在下载一些特殊资源时，IDM需要配合其他解析服务器一起使用，一般需要设置UA（User Agent，用户代理）。UA是一个特殊的字符串头，很多网站的服务器通过用户的UA来获取用户的操作系统、版本、浏览器等信息，并与客户端协商下载时的参数等。很多网站禁止IDM类下载工具，此时可以通过修改UA达到绕过检测的目的。还有一些网站需要特定的UA访问才能获取需要的数据，可以当作身份验证使用。

在IDM“下载”选项卡中设置用户代理，如图2-13所示，将复制获取的UA信息粘贴到UA的文本框中即可。

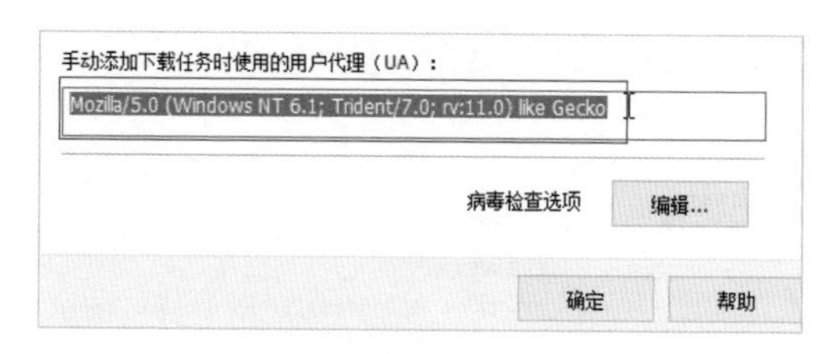

图2-13

（6）使用IDM下载网页视频

IDM具有强大的“嗅探”功能，可以“嗅探”网页视频的原始地址，并提供下载。打开网页视频，此时在该视频周边会打开下载浮动条，单击后选择所需的规格，如图2-14所示。在“下载文件信息”界面中设置下载参数，单击“开始下载”按钮即可下载该视频。

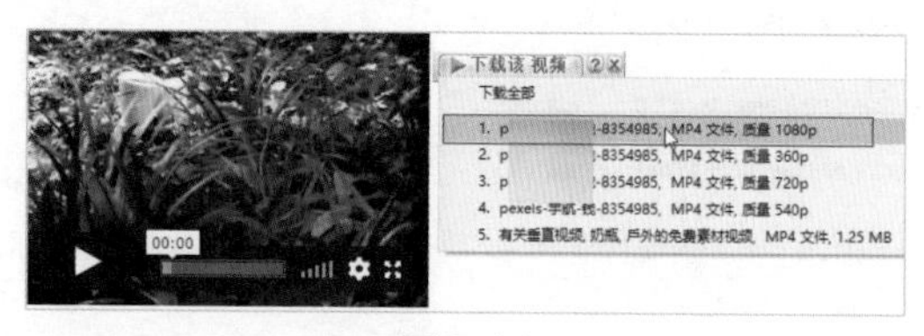

图2-14

2.2 文件压缩与解压软件

文件压缩可以减小体积，减少磁盘的占用。本节将介绍目前较为主流的文件压缩与解压软件的使用操作。

2.2.1 使用WinRAR压缩及解压文件

WinRAR是常用的压缩及解压软件。它提供强力压缩、压缩分卷、自解压、加密等功能，并且支持现在绝大部分的压缩文件格式的压缩与解压，压缩速度快、压缩率高，可以有效减小文件的体积。

（1）文件的压缩

WinRAR压缩的对象包括文件和文件夹，两者的操作类似，建议用户将需要压缩的文件放置在同一文件夹中，再对其文件夹进行压缩。将所有文件放置到一个文件夹后，右击该文件夹，选择“添加到‘***.rar’”选项即可，如图2-15所示。

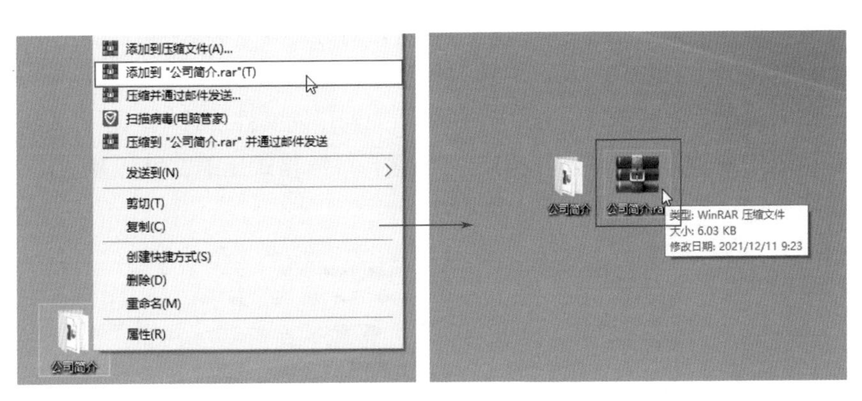

图2-15

（2）文件的解压

下载或接收到压缩文件后，一般需要解压才可查看和使用。双击压缩包后，可查看压缩包中的压缩文件。如果内部是文件夹，拖动该文件夹至目标位置即可，如图2-16所示。

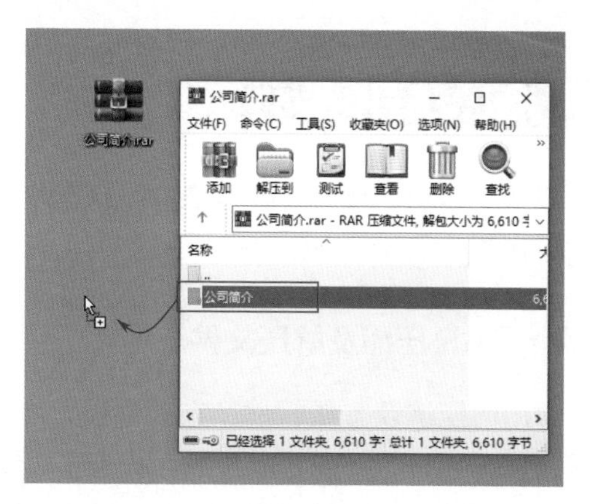

图2-16

右击压缩包，选择“解压到当前文件夹”选项也可进行解压操作。

如果压缩包是由多个文件组成，那么建议用户在桌面上新建一个文件夹，然后全选压缩包内的文件，将其拖至新建的文件夹中即可。

（3）创建自解压压缩文件

如果对方的电脑上没有安装WinRAR软件，那么用户在创建压缩文件时，可以创建自解压压缩文件，这时，对方无须安装软件，双击压缩文件就可以进行解压操作，具体操作如下。

右击所需压缩的文件夹，选择“添加到压缩文件”选项，在打开的对话框中设置好文件名，并勾选“创建自解压格式压缩文件”复选框，单击“确定”按钮，如图2-17所示。

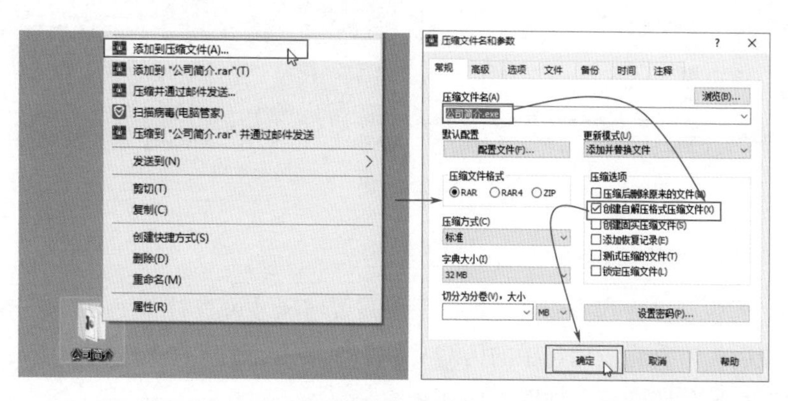

图2-17

压缩完成后，可以看到自解压格式的压缩文件是以“.exe”后缀名显示。对方只需双击该压缩文件，在打开的对话框中单击“解压”按钮即可，如图2-18所示。

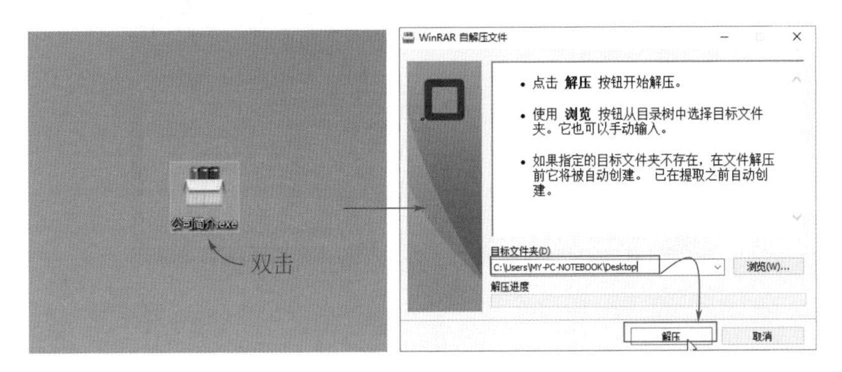

图2-18

2.2.2 使用7-Zip压缩及解压文件

7-Zip是一款高压缩比的压缩软件，软件体积小巧，操作界面简洁，不仅支持独有的“.7z”文件格式，还支持各种其他压缩文件格式，包括ZIP、RAR、CAB、GZIP、BZIP2和TAR等格式。此软件压缩的文件的压缩比要比普通ZIP文件高30% ～ 50%。

用户在7-Zip官方网站可下载其安装程序，如图2-19所示。

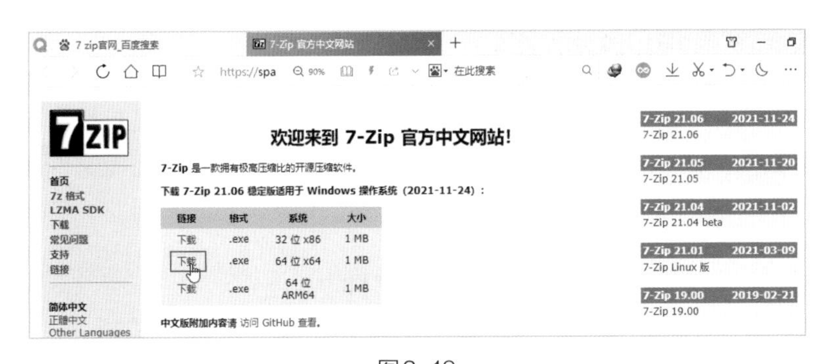

图2-19

右击所需压缩的文件夹，选择“7-Zip”→“添加到‘****.7z’”选项即可进行压缩，如图2-20所示。如需使用7-Zip进行解压，右击所需解压缩的文件，选择“7-Zip”→“提取到当前位置”选项即可，如图2-21所示。

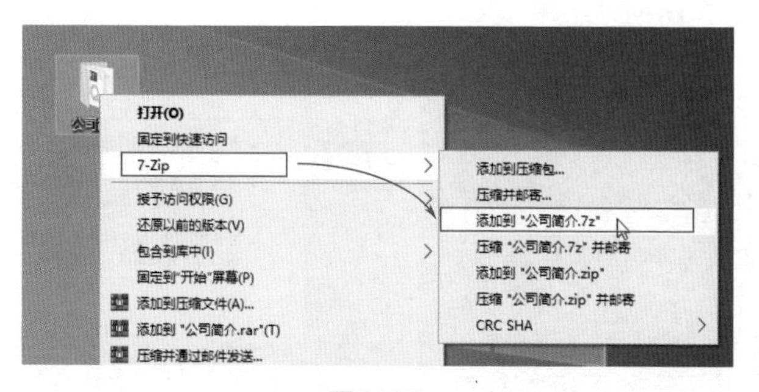

图2-20

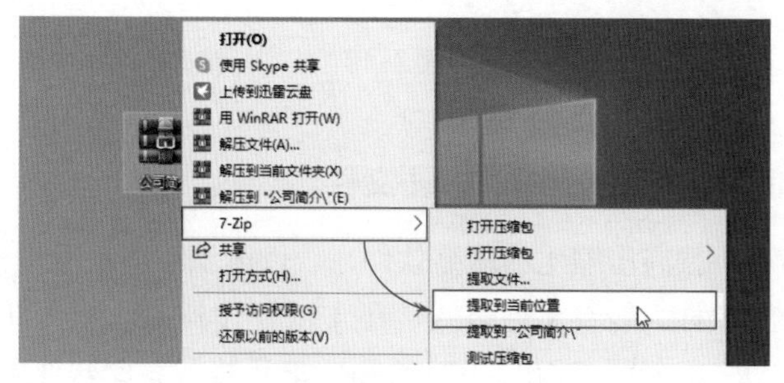

图2-21

2.3 文件同步软件

文件同步软件可以协助办公人员对多台电脑中的数据进行操作，减少办公人员的工作量，从而提高工作效率。本节将对两款主流文件同步软件进行简单说明。

☆2.3.1 使用GoodSync同步文件

GoodSync文件同步软件可以在任意两台电脑或者存储设备之间进行数据和文件的同步工作，不仅能够同步本地硬盘中的文件，还能同步局域网指定机器之间的数据，同时还能远程同步FTP服务器等资料。GoodSync的同步工作不会产生多余的文件，双向同步或者单向同步都能过滤已有的文件，杜绝冗余文件。

（1）GoodSync同步配置

利用GoodSync在同步前，需先配置同步的基本参数。在主界面中分别设置好源文件位置和目标位置，如图2-22所示。

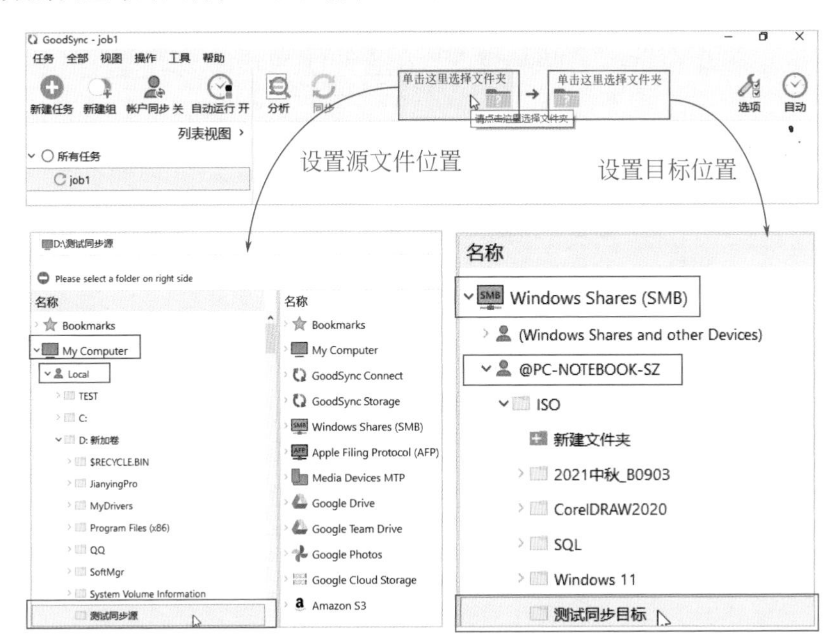

图2-22

在设置目标位置时，可以选择局域网中的其他电脑，而局域网共享使用的是SMB服务，所以可展开“Windows Shares（SMB）”选项，并选择局域网中的存储位置。

知识链接：

GoodSync的存储节点可以是本地电脑硬盘、局域网共享文件夹、谷歌存储、GoodSync网盘、登录同一个GoodSync账号的其他设备、OneDive（微软网盘）、FTP服务器等。如果是局域网共享，目标文件夹需要给予读/写的权限才能同步。

配置后单击菜单栏“应用”按钮，完成设置。单击源文件位置与目标位置间的“→”按钮，选择“备份”即可，如图2-23所示。

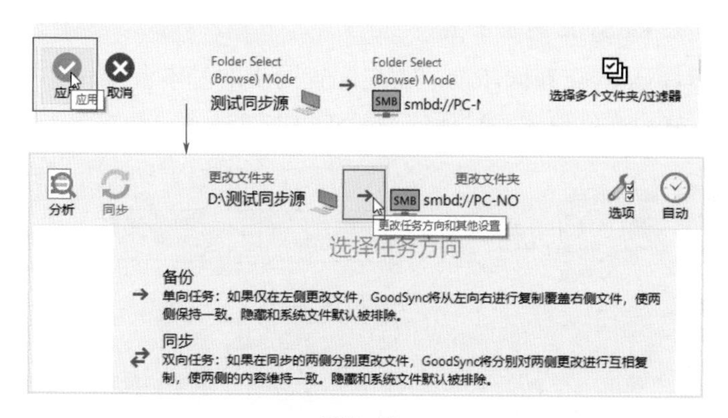

图2-23

（2）GoodSync同步文件

为了测试同步效果，在源文件位置中新建文本文档，重命名为“测试.txt”，返回到GoodSync主界面中来启动同步。

在菜单栏单击“分析”按钮，进行对比检查。在分析结果中，发现左侧新建了一个“测试.txt”文件，而右侧没有。单击“同步”按钮，执行左侧向右侧的备份，如图2-24所示。

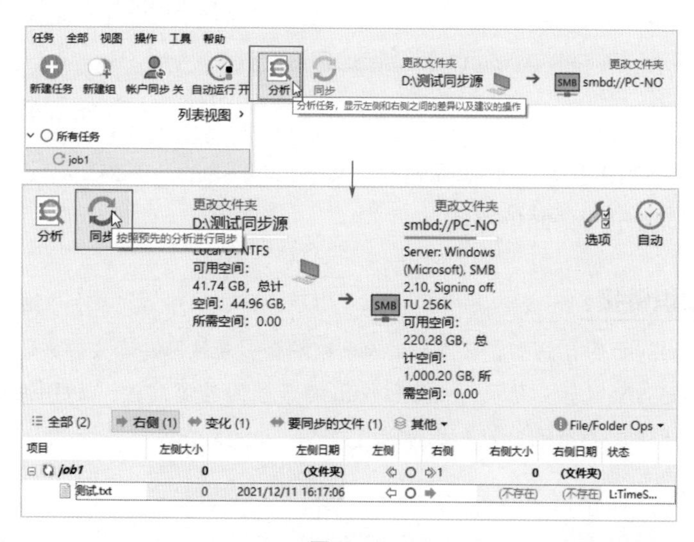

图2-24

知识链接：

显示“全部”有“2”个变化，除了“测试.txt”外，另外一个是GoodSync自己创建的索引文件，用以存储运行参数等，以便快速对比文件的不同。

对源文件进行修改后，如将文件名从“测试”改为“测试修改”，再次执行“分析”，软件发现不同，如图2-25所示，接下来再次执行“同步”即可。

全部 (3)　变化 (2)　要同步的文件 (2)　其他 ▾　File/Folder Ops ▾

项目	左侧大小	左侧日期	左侧	右侧	右侧大小	右侧日期	状态
job1	0	(文件夹)	⇦ ○	⇨2	0	(文件夹)	更改
测试.txt	(已删除)	(不存在)	⇦ ○		0	2021/12/1...	Renam...
测试修改.txt	0	2021/12/11 16:25:50	⇦ ○	➡	(不存在)	(不存在)	Renam...

图2-25

(3) GoodSync筛选同步内容

在分析结果中，可以进行高级筛选，将用户需要的文件进行同步。

启动高级筛选后，可以查看到所有的更改，右击所需文件，如“1.bmp”，选择“排除‘/1.bmp’这个文件”选项，此时“1.bmp”的状态变为“已排除”。当再次执行同步时，则不会同步该文件。同步的文件也从7个变成了6个，如图2-26所示。

图2-26

如果选择了“排除全部名称匹配‘*.bmp’的文件”选项，则所有的“.bmp”文件都不会同步，如图2-27所示。

项目	左侧大小	左侧日期	左侧	右侧	右侧大小	右侧日期	状态
job1	84	(文件夹)	⇦ ○	⇨7	0	(文件夹)	
1.bmp	0	2021/12/11 16:47:08	‖		(不存在)	(不存在)	已排除：匹...
1.rar	24	2021/12/11 16:47:26	⇦ ○	➡	(不存在)	(不存在)	
2.bmp	0	2021/12/11 16:47:16	‖		(不存在)	(不存在)	已排除：匹...
2.rar	24	2021/12/11 16:47:30	⇦ ○	➡	(不存在)	(不存在)	
3.bmp	0	2021/12/11 16:47:20	‖		(不存在)	(不存在)	已排除：匹...
3.rar	24	2021/12/11 16:47:34	⇦ ○	➡	(不存在)	(不存在)	
测试修改.txt	12	2021/12/11 16:43:56	⇦ ○	➡	0	2021/12/1...	

图2-27

如果筛选错误，可以通过筛选器取消筛选结果。在菜单栏单击“视图”按钮，从列表中选择“过滤器”选项，在过滤器中可以查看到所有的过滤选项。选中某筛选条目，单击“–”按钮，可取消筛选，如图2-28所示。取消筛选后，重新分析，同步内容就会回归初始状态。

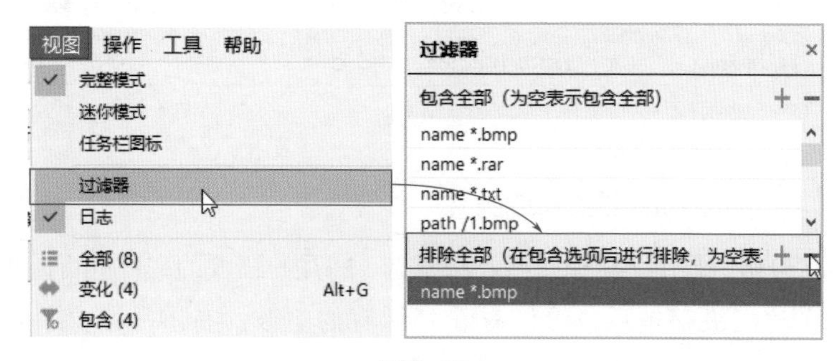

图2-28

（4）GoodSync手动设置同步方式

GoodSync会按照分析的结果自动将左侧的文件向右侧同步，在结果中可以看到默认的同步方式是“从左向右”，并以“➡”表示。单击“⇦”按钮，则代表从右向左同步，此时右侧没有该文件，所以软件默认为删除。如果右侧有文件，则代表使用备份还原该文件，如图2-29所示。

项目	左侧大小	左侧日期	左侧	右侧	右侧大小	右侧日期
job1	84	(文件夹)	⇦ ○	⇨7	0	(文件夹)
1.bmp	0	2021/12/11 16:47:08	⇦ ○	➡	(不存在)	(不存在)
1.rar	24	2021/12/11 16:47:26	⇦ ○	➡	(不存在)	(不存在)
2.bmp	0	2021/12/11 16:47:16	⇦ ○	➡	(不存在)	(不存在)

从右到左

项目	左侧大小	左侧日期	左侧	右侧	右侧大小	右侧日期
1.bmp	0	2021/12/11 16:47:08	⇦ ○	➡	(不存在)	(不存在)
测试修改.txt	12	2021/12/11 16:43:56	⬅ ○	➡	0	2021/12/1...

图2-29

如果不需要同步某文件，可以单击“○”按钮，如图2-30所示。

job1	60	(文件夹)	⇦ ○ ⇨4	0	(文件夹)
1.bmp	0	2021/12/11 16:47:08	⇦ ○ ➡	(不存在)	(不存在)
1.rar	24	2021/12/11 16:47:26	⇦ ○ ➡	(不存在)	(不存在)
2.bmp	0	2021/12/11 16:47:16	⇦ ○ ➡	(不存在)	(不存在)
2.rar	24	2021/12/11 16:47:30	⇦ ○ ➡	(不存在)	(不存在)
3.bmp	0	2021/12/11 16:47:20	⇦ ○ ➡	(不存在)	(不存在)
3.rar	24	2021/12/11 16:47:34	⇦ ○ ➡	(不存在)	(不存在)
测试修改.txt	12	2021/12/11 16:43:56	⇦ ○ ➡	0	2021/12/1...

不要进行拷贝

图2-30

2.3.2 使用FreeFileSync同步文件

FreeFileSync是一个用于文件同步的开源软件。通过比较其内容、日期或文件大小来确定变化，并能针对一个或多个文件夹设置同步。FreeFileSync除了支持本地文件系统和网络共享之外，还能够同步到FTP、FTPS、SFTP和MTP设备。

知识链接：

开源软件是源代码可以任意获取的计算机软件，这种软件的版权持有人在软件协议的规定下保留了一部分权利，并允许用户学习、修改、使用这款软件。开源软件不等同于免费软件，只是绝大多数开源软件都可以免费使用。

（1）使用FreeFileSync分析及同步文件

在软件主界面中单击左侧的“浏览”按钮，选择源文件夹。在右侧输入目标文件夹的地址，如图2-31所示。如果选择局域网中的其他电脑，可以“\\目标电脑IP地址\共享目录”的格式输入。

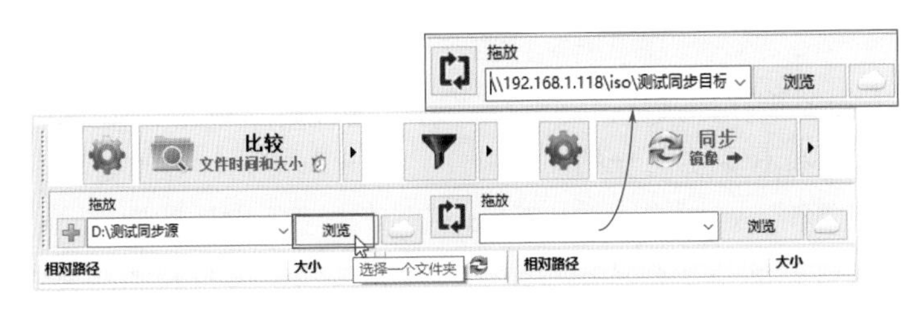

图2-31

除了手动输入外，用户也可以将目标文件夹拖入该地址栏中，如图2-32所示。

图2-32

操作完成后，单击“比较”按钮，查看有差异的内容，如图2-33所示。

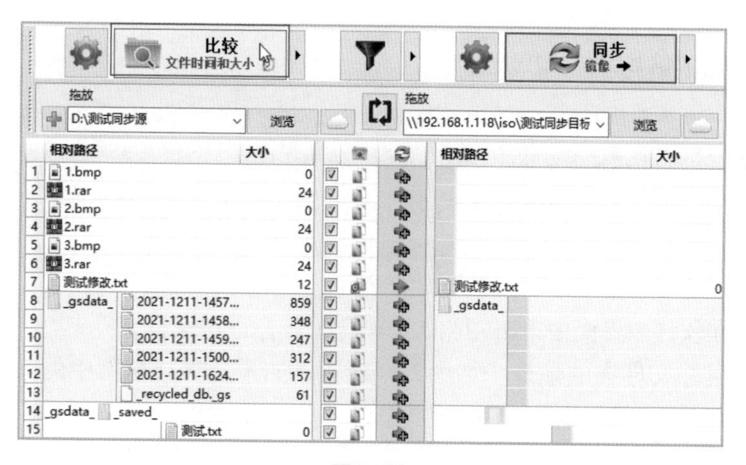

图2-33

右击需要排除的文件夹，选择“通过过滤器排除＞*_gsdata_\”选项，可以排除不需要同步的文件。单击“▼”按钮，在“过滤器”选项卡的“排除”文本框中输入“.bmp”，单击“确定”按钮，可以排除“.bmp”文件的同步。筛选后单击“同步”按钮，可将左侧的文件同步到右侧，如图2-34所示。

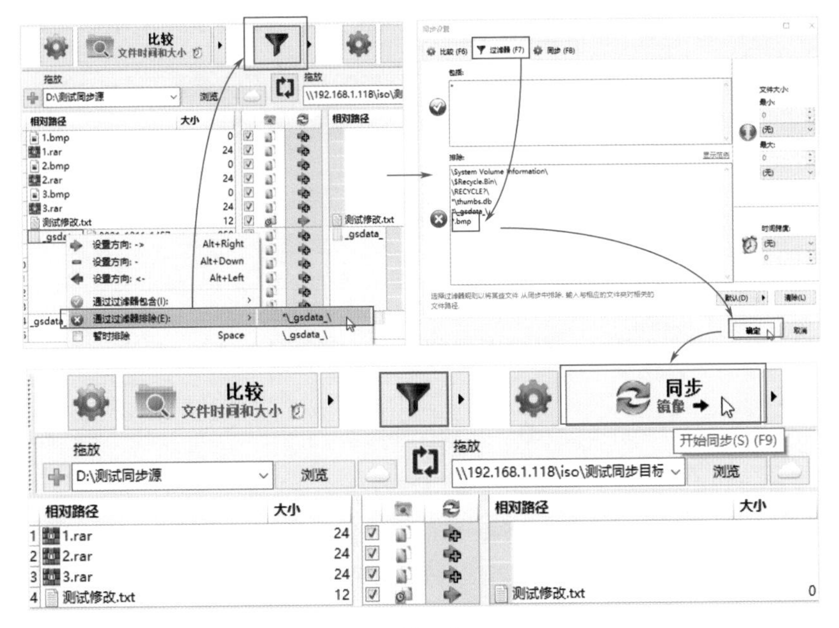

图2-34

（2）FreeFileSync高级设置

高级设置包括设置比较的策略、同步的类型等。

在主界面中单击“比较”按钮左侧的“⚙”按钮，在“比较”选项卡中设置比较的策略，默认是“文件时间和大小”。用户可选择只比较“文件内容”或者“文件大小”，如图2-35所示。

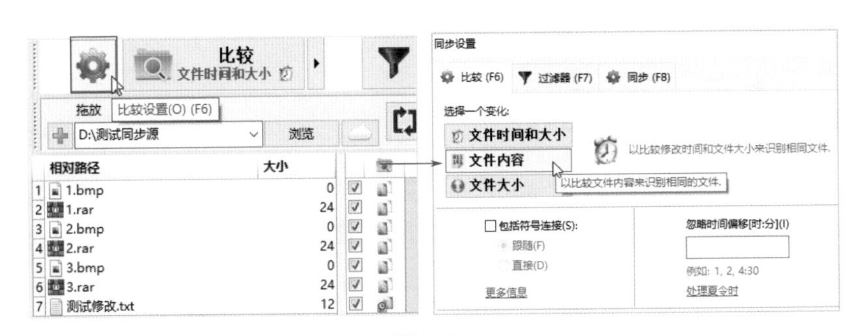

图2-35

在“同步”选项卡中可以设置同步的类型。这里包括了“双

向”“镜像”“更新”以及“自定义”四种类型，如图2-36所示。

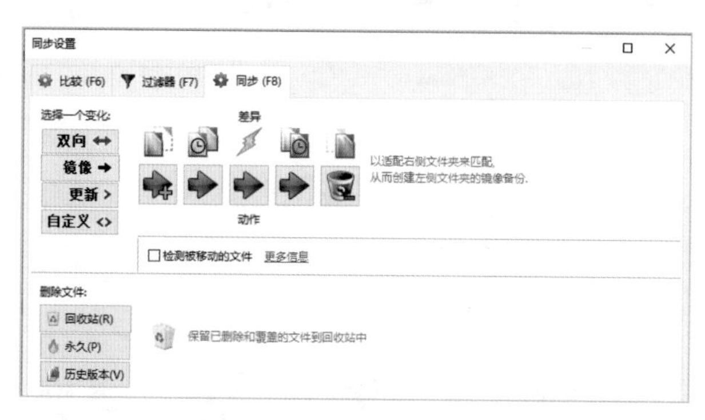

图2-36

- “双向”：左、右两侧任意一侧发生变化，同步到另一侧。
- “镜像”：以左侧的数据为主，左侧发生变化，同步到右侧，右侧发生变化，用左侧覆盖右侧，右侧新增文件，则删除右侧文件，始终保持右侧与左侧相同。
- “更新”：如果左侧文件发生变化，则同步到右侧。如果遇到冲突、右侧文件较新或右侧新建了文件，则保持不动并提醒用户来处理。
- “自定义”：可手动设置“左侧/右侧新建”“左侧/右侧文件较新”及“冲突”的情况如何处理。用户可单击“动作”按钮来选择相应的操作。

在“删除文件”功能组，可以设置删除文件是放到“回收站”还是“永久”删除及覆盖文件。

2.4 文件加密软件

文件加密是根据某个特定算法，通过密钥或者密码进行的，传输或存储时可以保证文件的安全性。下面将介绍一些常见的文件加密软件的操作。

2.4.1 使用WinRAR加密文件

WinRAR在压缩文件的同时可以加密文件。右击文件夹，选择“添加到压缩文件”选项，在打开的对话框中单击“设置密码”按钮，输入两次密码后，勾选“加密文件名”复选框，单击“确定”按钮即可，如图2-37所示。

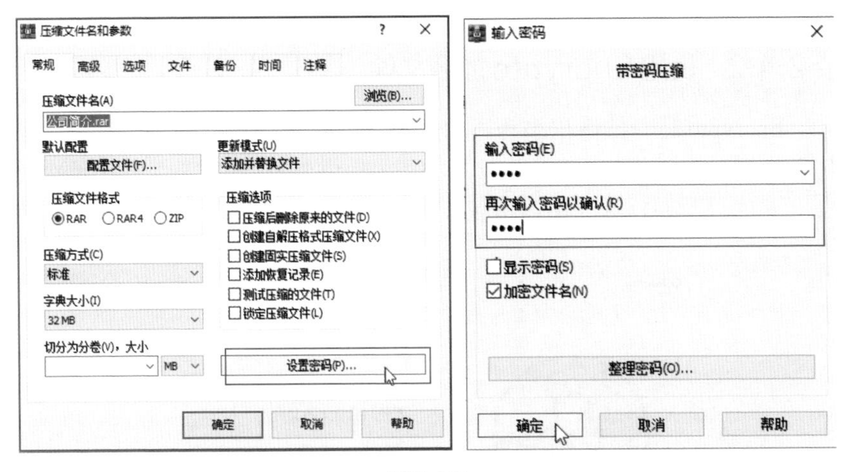

图2-37

双击查看压缩文件时，会弹出“输入密码”对话框，输入密码后，单击“确定”按钮，就可以查看压缩文件了，如图2-38所示。同理，可以使用密码解压压缩文件。

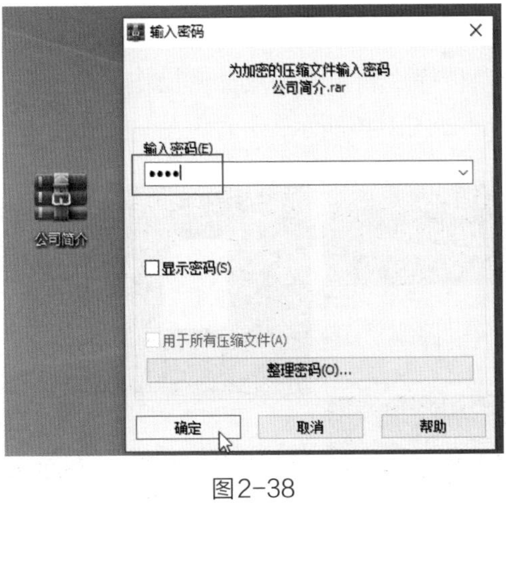

图2-38

注意事项：

勾选“加密文件名”复选框后，双击压缩文件就会提示输入密码。未勾选状态下，可以查看压缩文件中的文件目录，解压时需要输入密码。

☆2.4.2　使用Encrypto加密文件

Encrypto是一款体积小巧、简单易用、安全性极高的加密软件，并且免费。该软件使用了高强度AES-256加密算法，广泛应用在军事领域，文件安全性极高。用户可到该软件的官网下载，如图2-39所示。

图2-39

（1）使用Encrypto加密文件

打开软件后，只需将文件拖到主界面中并输入密码，单击“Encrypt”按钮，稍等片刻即可完成加密操作。单击“Save As...”按钮将文件进行保存，如图2-40所示。

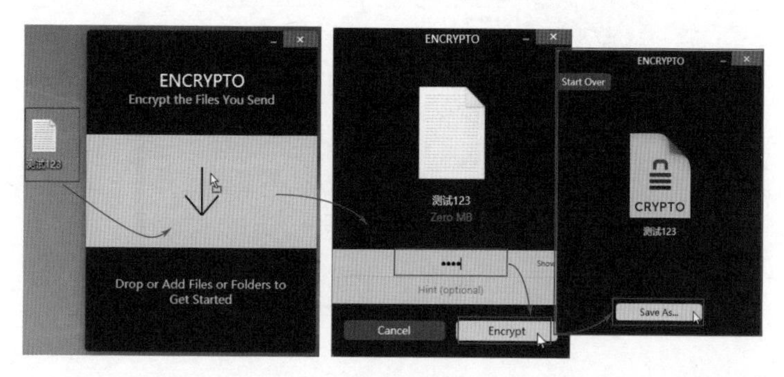

图2-40

（2）使用Encrypto解密文件

加密后的文件就可以传输给其他用户了。对方在接收到该加密文件后，也需要安装Encrypto才能解密。双击加密后的文件，系统会自动启动Encrypto解密对话框，输入密码后，单击“Decrypt”按钮，单击“Save As...”按钮，保存文件即可。

2.4.3 使用fHash校验文件

在网上下载文件时，经常能看到文件的校验信息，如图2-41所示。

文件名 （☑显示校验信息）	发布时间	ED2K	BT
Windows 11 (business editions), version 21H2 (updated October 2021) (x64) - DVD (Chinese-Simplified) 文件：zh-cn_windows_11_business_editions_version_21h2_updated_october_2021_x64_dvd_a84e149f.iso 大小：5.05GB MD5：8DC65152A5436CB757CFB6095CC8D942 SHA1：50EFA8B2735979457001221B421B1A645F7E0A75 SHA256：CC1E0D7E5C37B774943D5E8766CF0A56542BB5DC372659A4F239937810AE638F	2021-10-19	复制	复制

图2-41

其中，“MD5”“SHA1”和“SHA256”为校验值，也称之为Hash值，它是根据特殊算法对文件进行计算所得到的结果，属于非可逆。用户在传送文件或发布文件时，为防止文件被篡改，可以计算出该值，并与文件一并交付给对方，对方通过软件计算后，得到校验值，与发送的值进行比较，完全一致则说明文件未经篡改，可以放心使用。

计算校验值的软件很多，经常使用的是fHash。软件很小（占用内存不大），不需要安装就可以运行。双击启动软件，勾选“大写Hash”复选框，将文件拖到主界面中，软件自动启动计算，完成后，可以查看到计算结果，如图2-42所示。

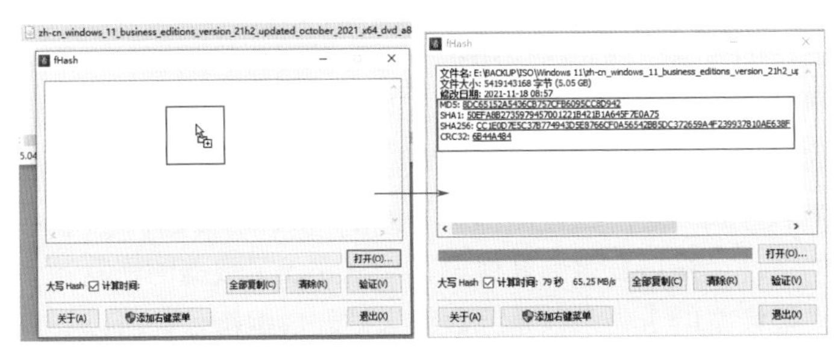

图2-42

单击“验证”按钮，在“验证”对话框中将需要验证的Hash值复制到文本框中，单击“确定”按钮，如果有相同的项，则会显示匹配结果，如图2-43所示。

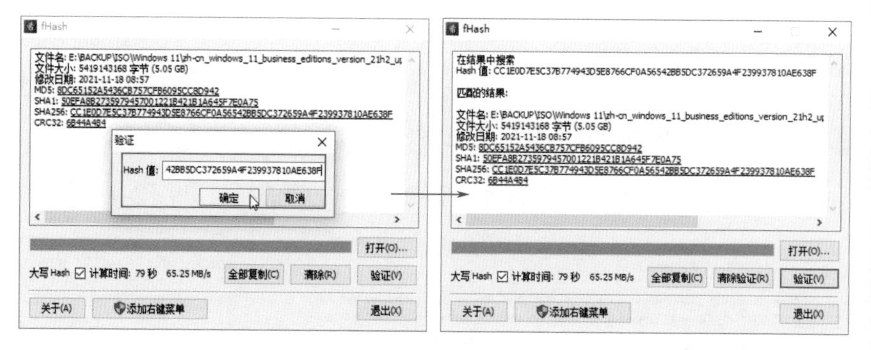

图2-43

2.5 误删除文件恢复软件

在日常办公中，误删除文件的情况经常发生。如果只是删除到回收站，那么可在回收站中查找并恢复。如果清空了回收站，或者未经过回收站而彻底删除了文件，若是重要数据文件，建议关机并找专业数据人员修复。而一般的误删除操作，用户可以尝试使用文件恢复软件进行恢复。

2.5.1 误删除文件恢复的原理

在Windows系统中，文件被彻底删除时，会被打上标签，代表该文件所占用的磁盘空间是可擦除状态，如果有新的数据写入磁盘，刚好写入到删除文件的磁盘位置时，会自动覆盖该文件的数据。

而如果文件的存储位置未被覆盖，也就是数据是完整的情况下，可以用修复软件扫描这些被打上标签的数据，然后重新编号排序，从而形成完整的文件，最后复制到其他位置，就完成了数据的恢复。

文件能恢复的重要条件是原数据未被新数据覆盖，所以一旦发现数据被误删除，首先要马上关闭电脑的电源，以防止数据被覆盖，再使用各种方法恢复。现在有很多高科技的设备可以恢复被覆盖的数据，但是成本非常高。需要注意，没有任何人能确保数据百分之百可以恢复，通过科学的方法可以增大恢复的概率。

为防止原数据被新数据覆盖，可以将硬盘连接到其他电脑修复，或者在Windows PE环境下进行修复，下面就介绍数据恢复的具体步骤。

知识链接：

Windows PE是Windows的一种预安装环境，不依赖本地的系统启动（启动后是用内存存储）。经过第三方改动的PE系统增加了很多工具，维护操作系统非常方便。比较常见的有微PE、U深度等，用户可以下载对应程序制作启动U盘。

☆2.5.2　使用EasyRecovery恢复数据

EasyRecovery是一款操作简单、功能强大的数据恢复软件，通过EasyRecovery软件可以从硬盘、光盘、U盘、数码相机、手机等各种设备中恢复被删除或丢失的文档、图片、音频、视频等数据文件。启动电脑进入PE环境，为测试恢复效果，彻底删除几个文件，如图2-44所示。

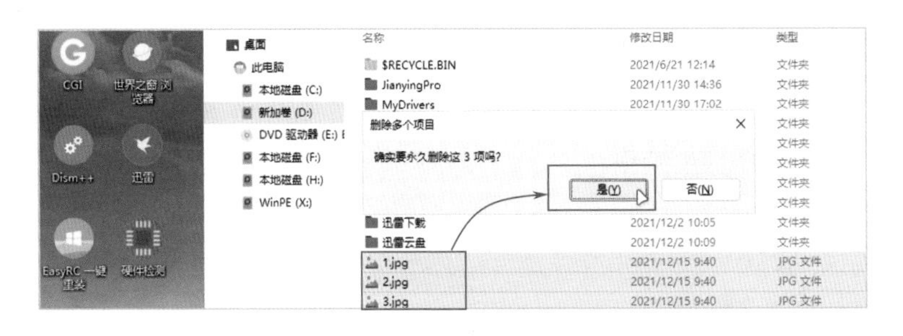

图2-44

在PE中找到并打开“EasyRecovery”（基本上PE都会自带该工具），单击“继续”按钮，选择要恢复的媒体类型，这里选择“硬盘驱动器”，单击“继续”按钮，如图2-45所示。

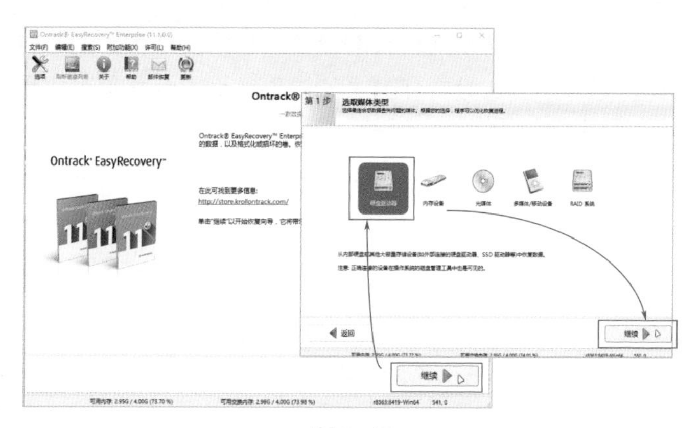

图2-45

选择扫描的分区，也就是删除的文件所在的分区，这里选择“D：”，单击“继续”按钮，选择“删除文件恢复”，单击“继续”按钮。确认设置的内容，单击“继续”按钮。扫描完成，单击“确定”按钮，如图2-46所示。

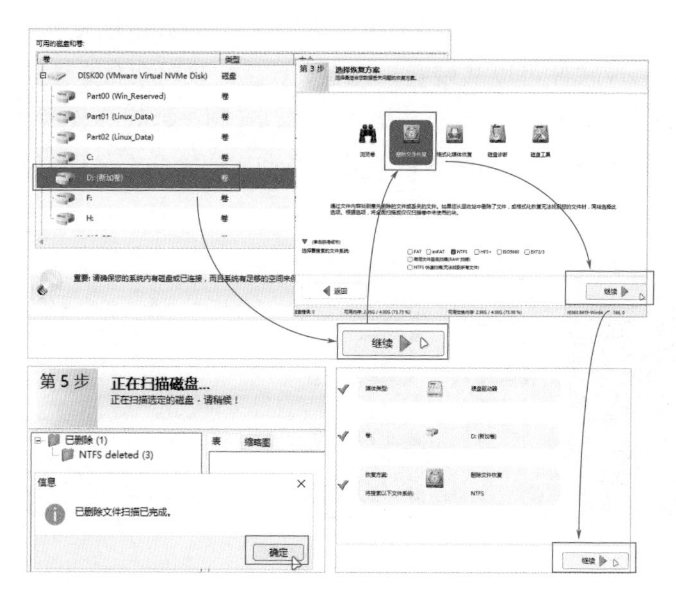

图2-46

展开左侧的列表，可以查看扫描到的已经被删除的文件，选中需要恢复的文件，单击鼠标右键，选择“另存为”选项，如图2-47所示。

将文件保存到其他位置后，可以查看文件的恢复结果。

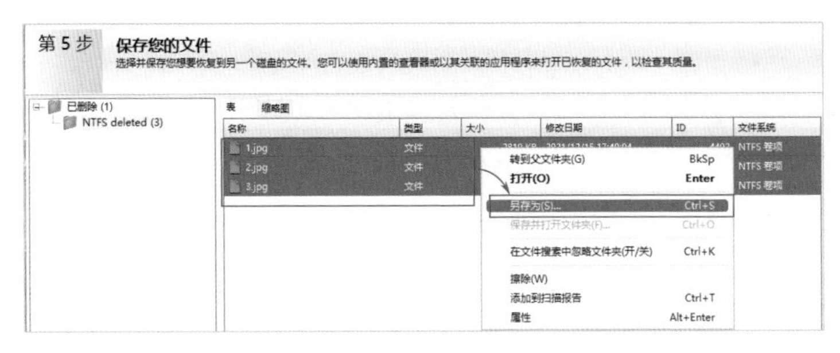

图2-47

如果结果较多，可通过右上角的“搜索”功能，在结果中查找需要恢复的文件。

2.5.3 使用DiskGenius恢复数据

DiskGenius是一款磁盘管理软件，功能非常强大，它可进行创建及删除分区、引导修复、系统备份、格式化、转换磁盘格式、检测及修复坏道、查看硬盘信息等常规操作。另外，它还具有修复误删除的文件、无损调整分区的大小、虚拟化系统、分区克隆、设置UEFI启动参数、迁移系统等特色功能。如果在PE中找不到EasyRecovery，那么可以使用DiskGenius进行数据恢复，基本上所有的PE都会有DiskGenius。

双击启动DiskGenius分区工具，在左侧的列表中，选择删除的文件所在的分区，单击鼠标右键，选择“恢复丢失的文件”选项，如图2-48所示。

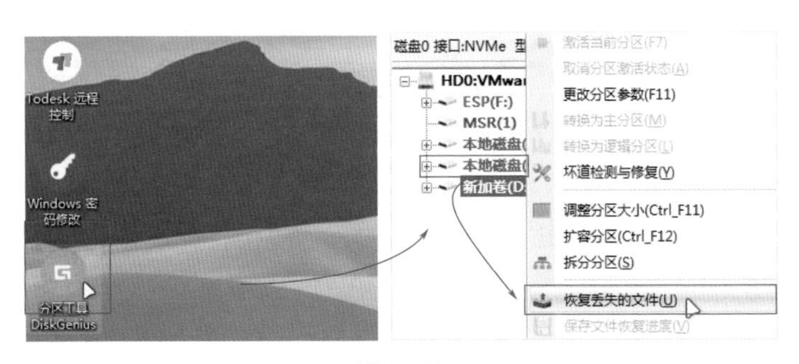

图2-48

勾选“恢复已删除的文件”复选框，单击“开始”，启动扫描。扫描完毕后，在搜索框中输入“*.jpg”，如图2-49所示。

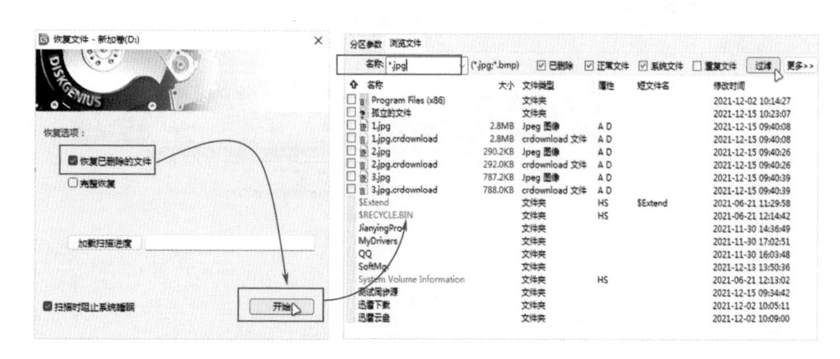

图2-49

取消勾选“正常文件”和“系统文件”复选框，单击“过滤”按钮。勾选要恢复的文件复选框，单击鼠标右键，选择“复制到指定文件夹”选项，如图2-50所示。

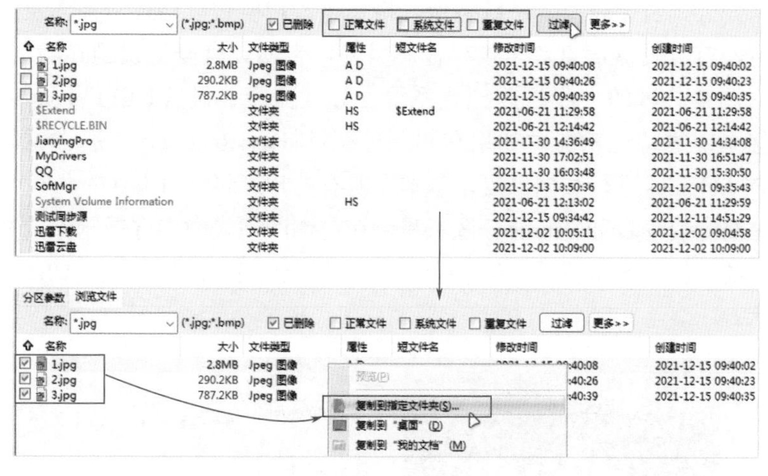

图2-50

选择文件夹后，单击“确定”按钮，系统会打开恢复进度界面，进度完成后单击“完成”按钮。用户可在对应的文件夹中查看恢复的文件，如图2-51所示。

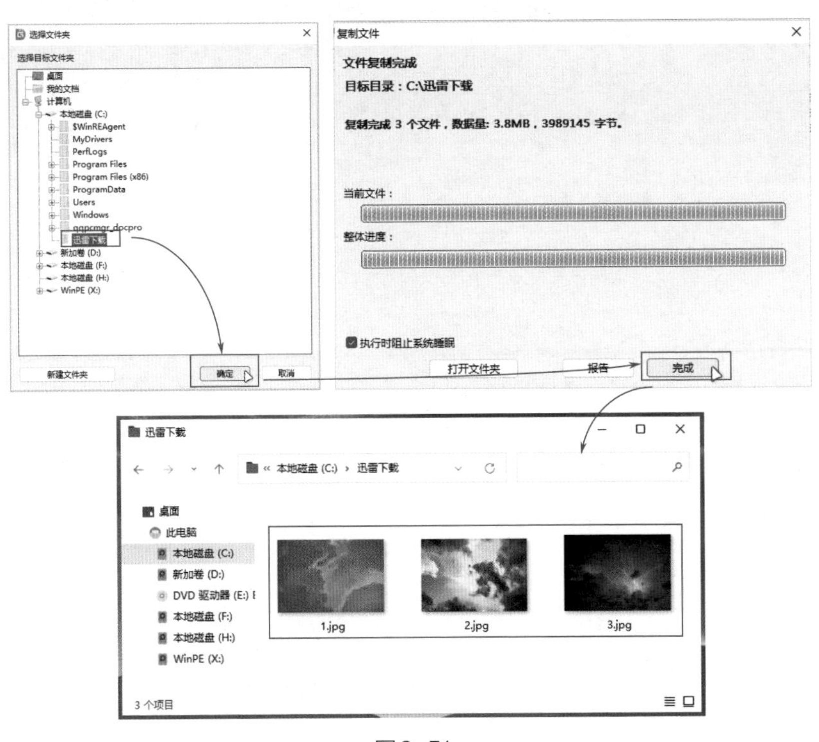
选择文件夹
选择目标文件夹
桌面
我的文档
计算机
本地磁盘 (C:)
$WinREAgent
MyDrivers
PerfLogs
Program Files
Program Files (x86)
ProgramData
Users
Windows
迅雷下载
新加卷 (D:)
本地磁盘 (F:)
本地磁盘 (H:)
WinPE (X:)
新建文件夹
确定
取消
复制文件
文件复制完成
目标目录：C:\迅雷下载
复制完成 3 个文件，数据量: 3.8MB，3989145 字节。
当前文件：
整体进度：
执行时阻止系统睡眠
打开文件夹
报告
完成
迅雷下载
« 本地磁盘 (C:) › 迅雷下载
桌面
此电脑
本地磁盘 (C:)
新加卷 (D:)
DVD 驱动器 (E:)
本地磁盘 (F:)
本地磁盘 (H:)
WinPE (X:)
1.jpg
2.jpg
3.jpg
3 个项目

图2-51

扫码观看
本章视频

第3章 图像处理软件

图像处理软件主要是针对图片进行加工处理，以满足用户的需求。目前，图像处理软件有很多，用户需根据自己行业领域来选择。本章将着重介绍一些常用图像处理软件的使用方法与技巧。

3.1 看图软件的使用

Windows系统自带的看图软件可满足大多数用户查看图片的需求，而一些特殊格式的图片，则需要安装专业的编辑软件才可以查看。本节将介绍一些较为实用的图片查看软件，在不安装专业的编辑软件的情况下也可以查看图片文件。

3.1.1 通过2345看图王查看图片

2345看图王支持包含PSD格式在内的67种图片格式。其独创GIF等多帧图片的逐帧保存功能，拥有丰富的幻灯片演示效果，并可自定义放映速度，满足图片收藏、管理和多图浏览的需求。

（1）查看图片

软件安装后会自动关联电脑中的各类图片，使其变成默认打开方式。双击图片后，可利用滚轮来切换图片。利用Ctrl键配合滚轮缩放图片。

放大或缩小图片后，可以使用鼠标拖拽的方法来移动视窗或调整图片在视窗中的位置，如图3-1所示。

图3-1

使用Ctrl+L/R组合键可将图片向左/向右旋转。

双击显示的图片，或者按Enter键，可以进入全屏看图模式，如图3-2所示。在界面下方会显示编辑工具栏，用户可在此对图片进行一些常规编辑操作。按Esc键则可退出全屏看图模式。

图3-2

（2）查看其他类型的图片

2345看图王可以支持多种图片格式，如PSD格式、AI格式等。该软件支持的部分图片格式可以在“设置”中看到，如图3-3所示。

☑ BMP	☑ ICO	☑ JPG	☑ JNG	☑ KOA
☑ IFF	☑ MNG	☑ PCD	☑ PCX	☑ PNG
☑ RAS	☑ TGA	☑ TIF	☑ WAP	☑ PSD
☑ CUT	☑ XBM	☑ XPM	☑ DDX	☑ GIF
☑ HDR	☑ G3	☑ SGI	☑ EXR	☑ J2K
☑ JP2	☑ PFM	☑ PCT	☑ RAW	☑ WMF
☑ JPC	☑ PGX	☑ PNM	☑ SKA	☑ WEBP
☑ WDP	☑ TBI	☑ HEIC	☑ AI	☑ OFD

图3-3

3.1.2 使用qView查看图片

qView是一款口碑比较好的图片查看软件，它的界面非常简洁，无广告弹窗，如图3-4所示。

图3-4

该软件界面没有任何按钮，几乎所有操作都是通过鼠标和键盘来执行的。

上下滑动鼠标滚轮，可放大或缩小图片，如图3-5所示；利用键盘上的左/右方向键可查看上一张或下一张图片；利用上/下方向键可旋转图片；右击界面任意处，在快捷菜单中可进行打开新图片（Open）、复制图片（Copy）等基本操作；按F键可左右翻转图片，如图3-6所示；按Ctrl+F键可上下翻转图片。

图3-5

图3-6

知识链接：

该软件可支持多种图片格式，例如JPG、GIF、BMP、MNG、TIFF、WEBP等。

3.1.3 使用QuickLook查看图片

快速预览工具QuickLook属于免费开源软件，它可以快速查看各种类型的文件，包括图片、文档、压缩文件、音视频文件、网页文件、PDF文件等。

该软件分为安装版和绿色版两种，建议下载绿色版，需要时再打开，不影响其他软件。双击QuickLook启动软件。该软件没有主界面，而在桌面右下角会显示软件运行图标。找到并选中图片，按空格键后，图片会放大展示，如图3-7所示。

图3-7

再按一次空格键，或按Esc键可退出显示。除了查看图片外，该软件还可通过安装插件来查看Office文档，如图3-8所示。但需注意的是，该软件只能进行查看，无法对其进行编辑操作。

员工薪资表.xlsx

工号	姓名	部门	职务	入职时间	基本工资	工龄	工龄工资
JS001	刘小强	技术部	技术员	2011/7/4	¥4,000	8	¥800
JS002	张诚	技术部	专员	2010/9/28	¥4,500	9	¥900
JS003	何佳	技术部	技术员	2010/4/3	¥4,000	9	¥900
JS004	李明诚	技术部	专员	2012/9/4	¥3,500	7	¥700
KH001	周齐	客户部	经理	2009/8/18	¥4,000	10	¥1,000
KH002	张得群	客户部	高级专员	2010/9/20	¥4,800	9	¥900
KH003	邓洁	客户部	实习	2018/5/4	¥2,900	1	¥50
KH004	舒小英	客户部	实习	2018/6/9	¥2,900	1	¥50
SC001	李军	生产部	经理	2009/4/8	¥4,000	10	¥1,000
SC002	何明天	生产部	高级专员	2010/8/4	¥4,800	9	¥900
SC003	王林	生产部	专员	2012/9/2	¥4,500	7	¥700
CW001	赵燕	财务部	会计	2011/4/9	¥4,500	8	¥800
CW002	李丽	财务部	会计	2012/9/5	¥4,500	7	¥700

员工工资表 津贴标准 工资查询表 工资条

图3-8

知识链接：

右击桌面右下角的软件图标，选择“获取新插件”选项可获取插件并下载。

3.1.4 使用CAD查看图纸文件

工程设计人员经常需要查看各种工程图纸文件。而一般的图纸文件需要安装专业的绘图软件，如AutoCAD软件，才可打开查看。而AutoCAD软件对于电脑的配置有一定的要求。如果只是查看图纸文件，建议用户使用第三方看图软件来操作。下面就以迅捷CAD看图软件为例，来介绍该类软件的常规操作。

迅捷CAD看图软件是专门为工程设计人员开发的一款简洁小巧的CAD图纸浏览工具，它可以脱离AutoCAD环境对DWG、DXF文件进行快速浏览。

启动迅捷CAD看图软件，在主界面中单击“打开图纸”按钮，选择所需查看的CAD图纸文件即可查看，如图3-9所示。

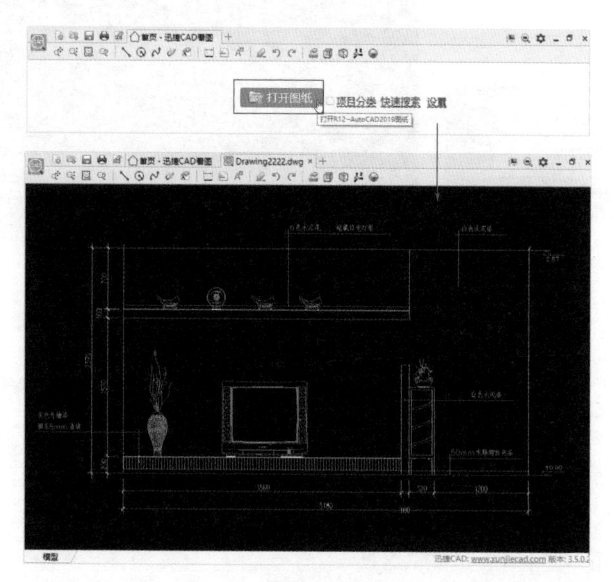

图3-9

利用该软件可对图纸进行简单的编辑操作，例如添加文字，绘制直线、圆、曲线，测量距离和面积等，如图3-10所示。此外，该软件还可将图纸文件转换为PDF格式，操作起来很方便。

图3-10

知识链接：

迅捷CAD看图软件只能执行查看和简单的编辑操作。如果想要具备AutoCAD软件的一些主要编辑功能，则可使用迅捷CAD编辑器来操作。它是一款操作简单、功能强大的CAD图纸编辑工具。可以说该软件是AutoCAD软件的简化版，如图3-11所示。

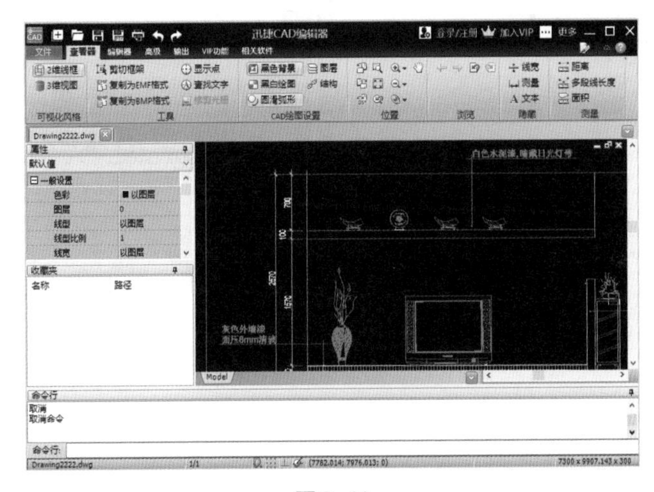

图3-11

3.2 截图软件的使用

截图软件主要的功能是截取用户终端界面显示的内容，以作解释说明用。目前市面上截图软件有很多，常用的有QQ截图软件和Snagit截图软件。

☆3.2.1 使用QQ截图

QQ截图软件是腾讯QQ自带的一款截图工具，安装并启动了腾讯QQ后可按Ctrl+Alt+A组合键启动截图功能。下面就针对QQ截图软件中的相关功能进行简单介绍。

（1）普通截图

启动QQ截图功能后，系统会自动识别屏幕中的窗口进行截图，如图3-12所示。如果想截取屏幕中某个局部画面，可使用鼠标拖拽的方法，框选出截图区域，松开鼠标完成选择，如图3-13所示。

图3-12

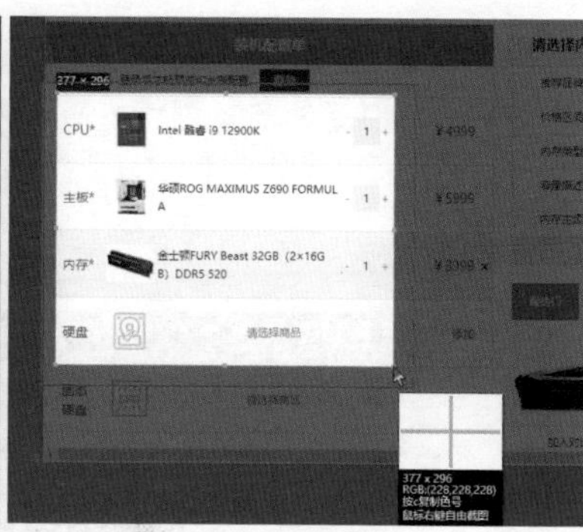

图3-13

确定好截图区域后，单击工具栏中的“完成”按钮，完成截图操作，如图3-14所示。在需要粘贴的位置，按Ctrl+V组合键粘贴截图即可。

图3-14

（2）截取长图

如果需要截取长图，可以使用QQ截图软件中的“长截图”功能来实现。

启动QQ截图功能，先正常选取截图范围，当显示出工具栏后，单击“长截图”按钮，光标悬停在截取范围内，向下滚动鼠标滚轮，QQ会自动识别并记录截取框中所有图片内容，单击工具栏中的“完成”按钮即可，如图3-15所示。

图3-15

注意事项：

在“长截图”功能启动后，使用鼠标滚轮向下浏览时，速度不要太快，以防止发生QQ截图无法记录的情况。QQ截图软件也会提示用户不要操作过快。

（3）为截图添加标记

如果要为截取的图片添加标注，以对图片内容进行说明，可使用截图工具中的标记功能来操作。

截取图片后，在工具栏中单击“矩形”按钮，选择矩形线条的粗细和颜色，在所需位置绘制矩形，如图3-16所示。

单击“椭圆”按钮，可以添加椭圆标记，其大小和位置是可以调整的，如图3-17所示。

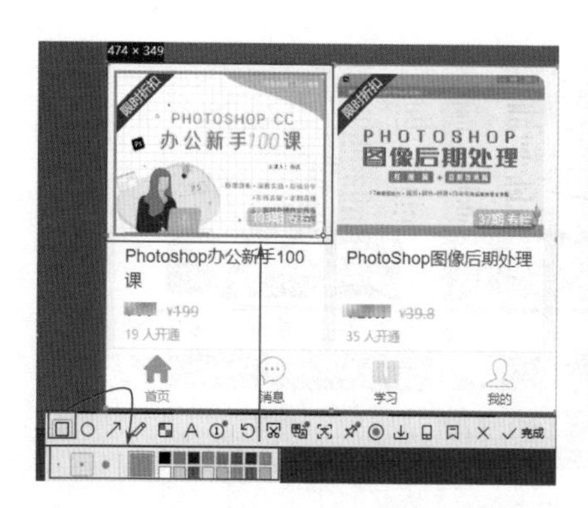

图3-16

图3-17

单击“箭头”和“文字”按钮，可在图片上添加指示箭头以及文字注释，如图3-18所示。单击“马赛克”按钮后，可为图片添加马赛克效果，如图3-19所示。标记完成后，可单击“完成”按钮，完成操作。

图3-18

图3-19

知识链接：

如果绘制错误，可以通过撤销按钮撤销上一步的操作。

（4）在线翻译

QQ截图软件可以实现在线翻译的功能，识别内容后，可以自动转换为中文。

在截取所需内容后，单击工具栏中的"翻译"按钮，系统会将所识别的内容进行快速翻译。单击"复制"按钮可将原文和译文内容进行复制，如图3-20所示。

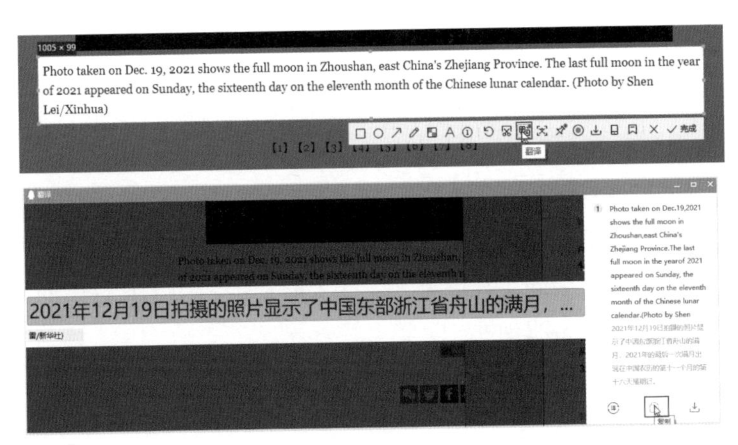

图3-20

（5）截图转文字

利用QQ截图软件中的"屏幕识图"功能可快速识别并转换图片中的文字内容。

选择好截取范围，在工具栏中单击"屏幕识图"按钮，系统会打开识别的结果，单击"复制"按钮，可以将内容复制到其他位置，如图3-21所示。

知识链接：

除了复制外，在识别结果界面，还可以对识别的内容进行编辑、翻译、转为在线文档以及将截图和转换的文字保存下载等操作。

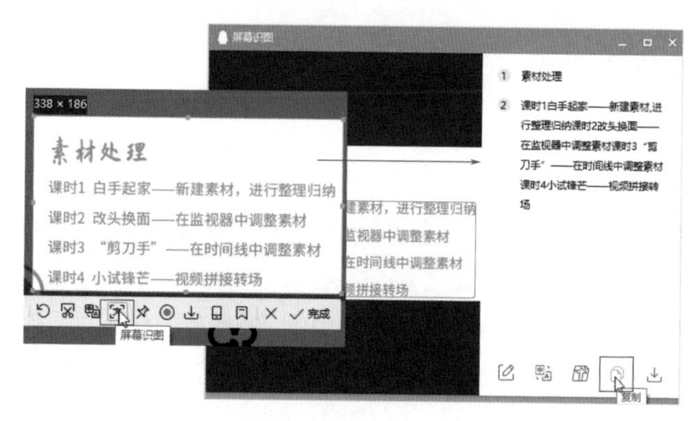

图3-21

（6）电子白板

当需要对其他人实时在线讲解时，可使用QQ截图软件工具栏中的“钉在桌面上”功能，将截取的图片固定在桌面上，以随时进行标注。其功能与电子白板类似。

选择好截取范围，单击工具栏中的“钉在桌面上”按钮，此时截取的图片不会消失，会固定在屏幕上。必要时，可利用工具栏中的标记功能进行标记，如图3-22所示。

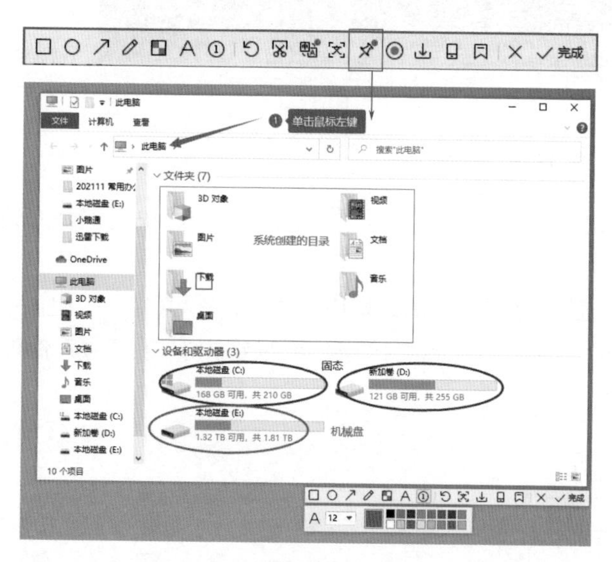

图3-22

除以上介绍的几个常用功能外，利用QQ截图软件中的“屏幕录制”功能，可以实时录制屏幕操作，如图3-23所示。

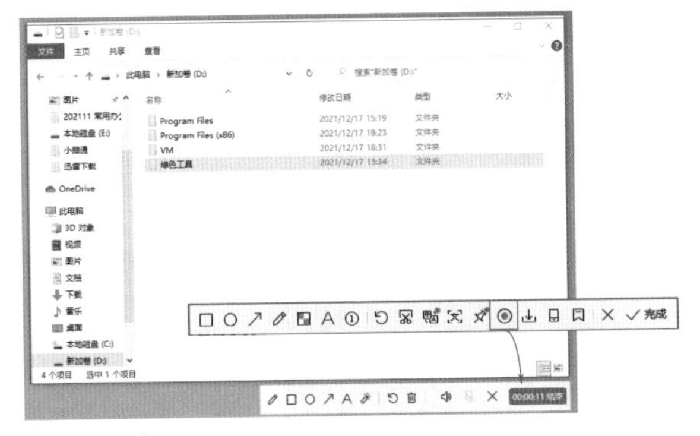

图3-23

3.2.2 使用Snagit截图

Snagit是一款非常专业的屏幕截图软件，它可以支持各种截图方式，以及进行图片的基本处理。下面将对该软件进行简单介绍。

（1）普通截图

启动Snagit软件后，系统会打开截取界面，并以默认的“全景”（全屏）模式进行截图。单击“全景”下拉按钮，可选择截图方式。单击“复制到剪贴板”以及“捕获鼠标指针”按钮，可启用相应功能。单击“捕获”按钮，进入截图状态。此时系统会自动识别到窗口，用户也可拖动光标来选择截取范围，如图3-24所示。

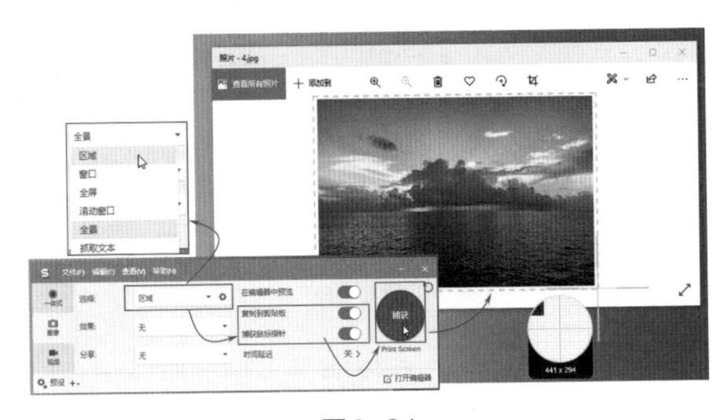

图3-24

截取完毕后，会自动打开“Snagit编辑器”界面，如图3-25所示。在此可进行一些编辑操作，例如添加标记、剪裁图片、添加特殊效果等。如果不需要编辑，直接关闭该窗口，在所需位置按Ctrl+V组合键粘贴即可。

图3-25

（2）延时截图

在使用屏幕截图软件时，通常需要单击“捕获”按钮才可截取当前屏幕，而有时截取的内容在单击“捕获”按钮后就消失了。遇到这种问题时，可使用“时间延迟”功能来解决。

在截取主界面中单击“时间延迟”右侧“关 >”按钮，在打开的窗口中开启“时间延迟”按钮，并设置好“延迟”时间，如图3-26所示。

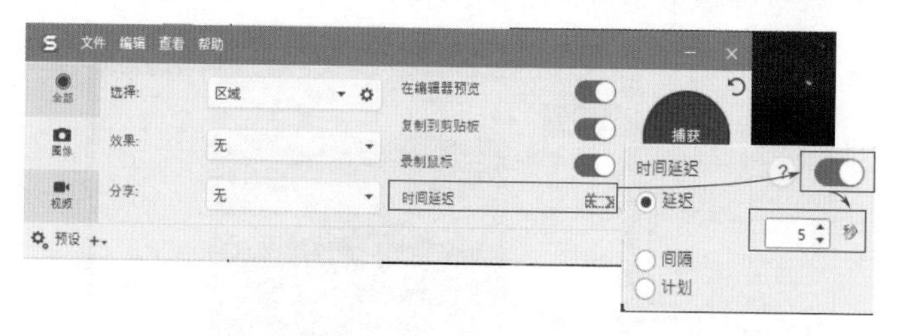

图3-26

设置后单击“捕获”按钮，系统会进入倒计时，倒计时完成后随即截取当前截取范围，如图3-27所示。

图3-27

（3）处理图片

单击“文件”按钮，选择“新建”→“新建图像”选项，可创建一个默认的空白文件，如图3-28所示。

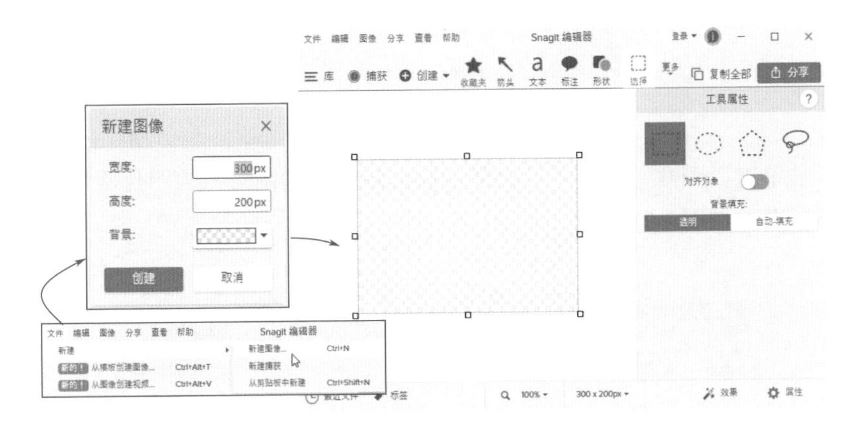

图3-28

通过“文件”列表中的“打开”功能，打开所需图片。右击图片，选择“拼合”选项，将空白文件与图片进行合并，如图3-29所示。

在菜单栏选择所需的标记工具，对当前图片内容进行标注，如图3-30所示。在右侧“快速样式”窗格中可对标注的各种样式进行设置。

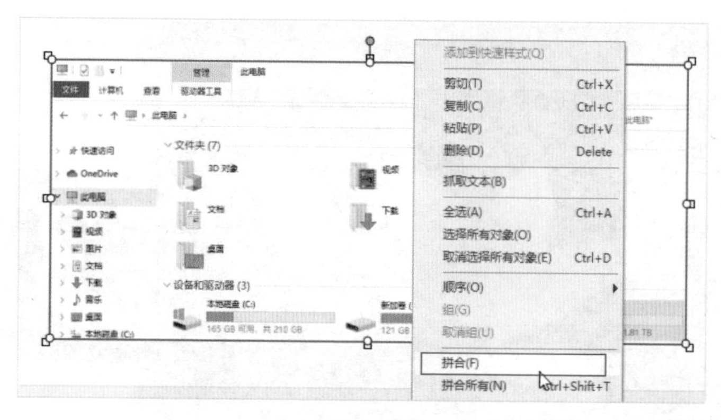

图3-29

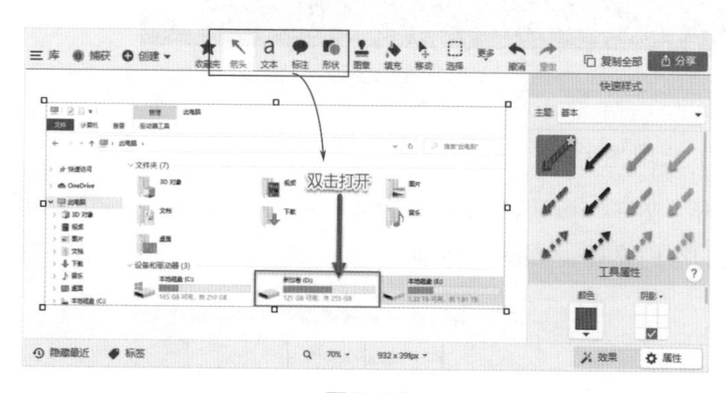

图3-30

单击“图章”按钮，可以从右侧选择合适的图形，为图片添加各种小元素，如图3-31所示。

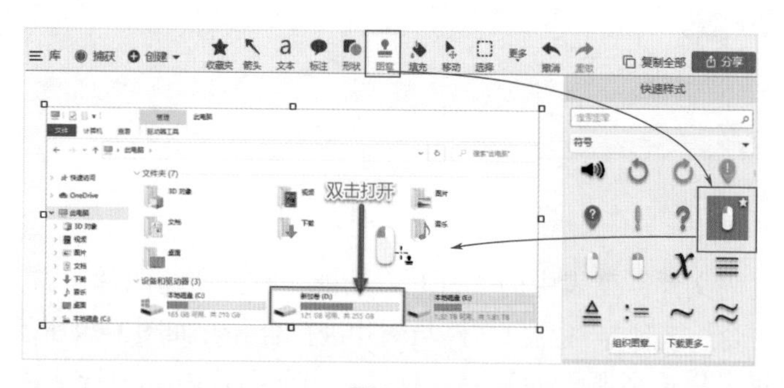

图3-31

单击“更多”下拉按钮，可以为图片添加更多的效果和处理方式。例如选择“模糊”选项，在图片中框选好模糊区域，在右侧窗格中设置模糊方式，此时被选区域已变得模糊了，如图3-32所示。

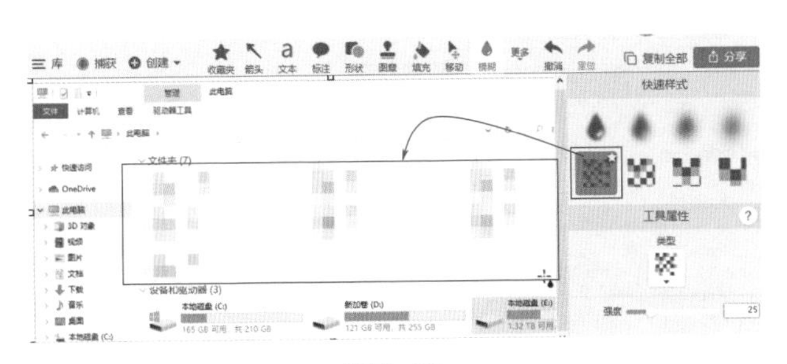

图3-32

（4）制作GIF动图

使用Snagit软件除了进行各种方式的截图外，还可以制作一些GIF格式的动态图片，以满足用户需求。在Snagit主界面中切换到“视频”选项卡，单击“捕获”按钮，如图3-33所示。

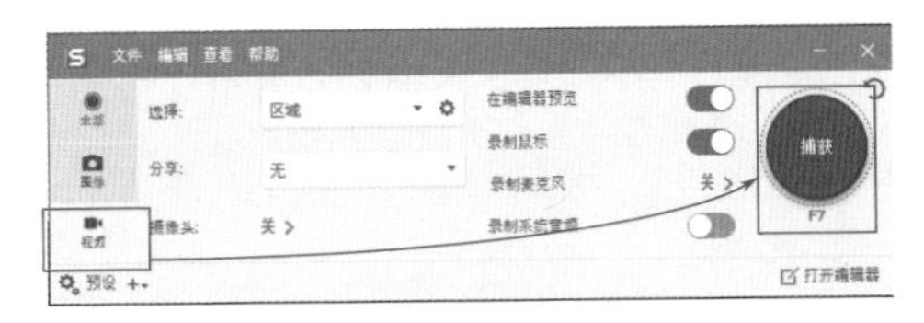

图3-33

确定好截取范围，单击“录制”工具栏中的“录制”按钮，进入倒计时，倒计时完成后进入正式录制状态，如图3-34所示。

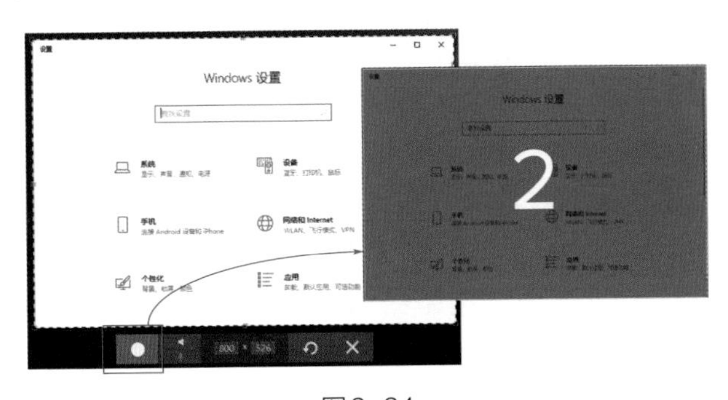

图3-34

录制结束后单击“停止”按钮，结束录制，如图3-35所示。

图3-35

此时系统会自动打开“Snagit编辑器”界面，单击“▶”按钮可预览录制的视频。拖动播放指针上的开始和结束滑块，可对视频进行简单剪辑，如图3-36所示。

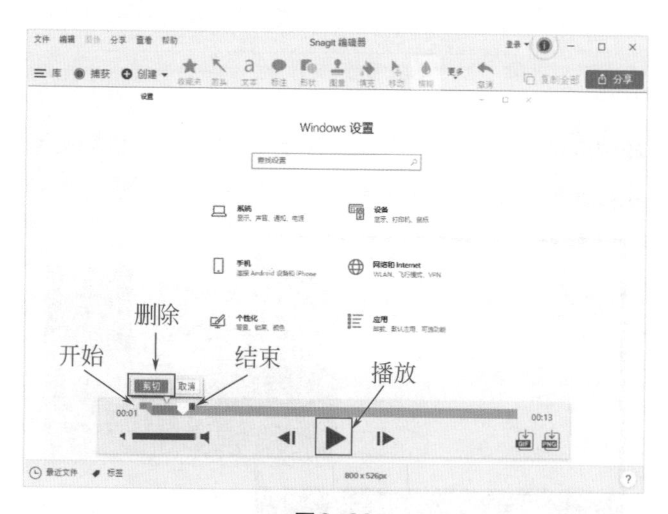

图3-36

剪辑后，单击播放器中的“GIF”图标，在“创建GIF”对话框中单击“创建”按钮，可将录制的视频转换为GIF动图，如图3-37所示。

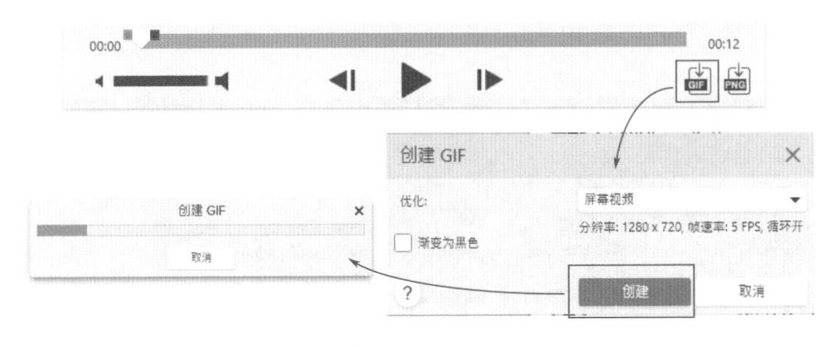

图3-37

创建好后，在菜单栏中单击“文件”→“另存为”按钮，将创建的GIF文件进行保存即可，如图3-38所示为最终保存效果。

图3-38

3.3 图像处理软件的使用

利用Snagit编辑器可以对图片进行简单的处理。如果对图片要求比较高，就需要使用一些专业的图像处理软件了。本节将对一些专业、好用的图像处理软件进行简单介绍。

3.3.1 Photoshop软件

Photoshop是平面设计行业必备的软件。使用它可以制作出具有酷炫效果的图片，如图3-39所示。

图3-39

Photoshop凭借强大的图像处理能力，被广泛应用于平面设计、图像后期处理、网页设计等领域。

- 平面设计：Photoshop应用最广泛的领域就是平面设计领域。无论是招贴、海报，还是图书的封面、产品的包装等，都属于平面设计的范畴。
- 图像后期处理：Photoshop具有强大的图像修饰、特效制作等功能。通过这些功能，用户可以修复破损照片、修复人像，还可以结合滤镜将不同的对象组合在一起，制作出具有奇幻视觉效果的图像。
- 网页设计：不管是网站首页的建设还是链接界面的设计，都离不开它。通过Photoshop可以使网站的色彩、质感及独特性表现得更加贴切。

下面就利用Photoshop中的“污点修复画笔”工具去除图像中的脚印痕迹。

启动Photoshop，将“雪山”素材文件拖至软件中并打开，如图3-40所示。

图3-40

按Ctrl+J组合键复制图层，创建“图层1”，如图3-41所示。在左侧工具栏中选择“污点修复画笔”工具（），并在工具箱中设置好该画笔的“大小”和“硬度”，如图3-42所示。

图3-41

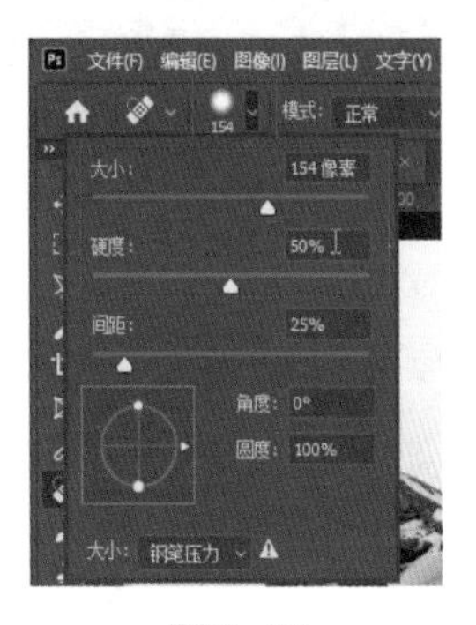

图3-42

完成后将光标移动至雪地脚印处，按住鼠标左键进行涂抹，放开鼠标后，脚印已去除，如图3-43所示。

图3-43

按照此方法，去除其他比较明显的脚印痕迹，结果如图3-44所示。

图3-44

按Shift+Ctrl+S组合键打开“另存为”对话框，输入文件名称，将保存类型设为“JPEG”格式，如图3-45所示。单击“保存”按钮完成操作。

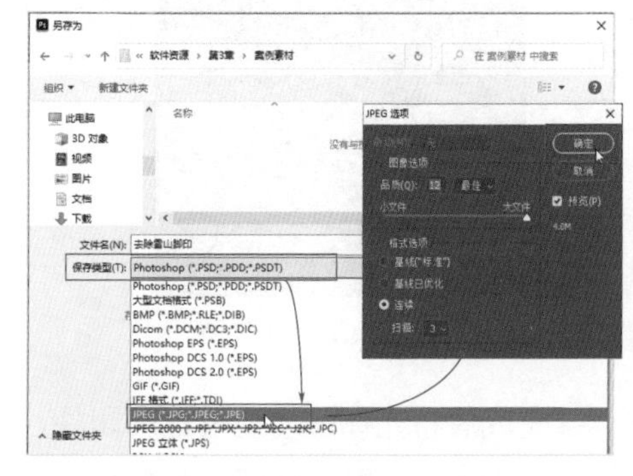

图3-45

知识链接:

Photoshop默认的保存类型为PSD格式，它是Photoshop专用格式。该文件会保留图像处理时创建的所有图层和颜色模式，以便日后再次修改。如果将保存类型设为JPEG格式，系统会合并所有图层，仅以一张图片的形式来显示，这样就给日后修改带来了麻烦。

3.3.2 美图秀秀

Photoshop属于专业类软件，对技术要求比较高，适合有基础的或者设计领域的人群来操作。而对于没有基础的人来说，可以使用P图小软件来操作，如美图秀秀，这款经典小软件的制作效果不比Photoshop软件差。

（1）抠除图片背景

图片处理中，抠图是很常见的操作，如果对图片质量要求不高，就可以使用美图秀秀来操作。

启动美图秀秀，在主界面中单击“抠图”按钮，在“抠图”选项卡中单击“打开图片”按钮，选择“咖啡”素材图片，在左侧列表中单击“自动抠图”按钮，如图3-46所示。

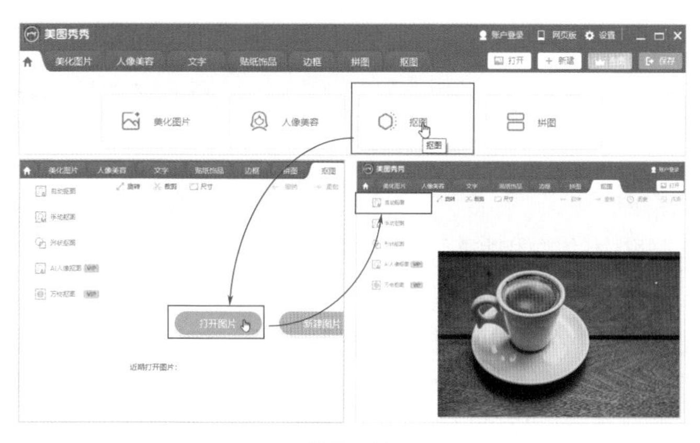

图3-46

使用“抠图笔”在图片上划出需要保留的区域，使用“删除笔”划出要删除的区域，如图3-47所示。调整好图片抠取细节，单击“应用效果”按钮即可完成抠图操作。单击右上角的“保存”按钮，可保存抠取的图片，如图3-48所示。

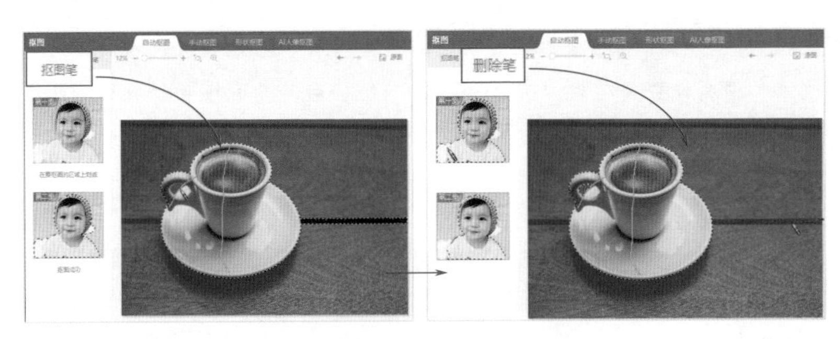

图3-47

图3-48

（2）拼图

美图秀秀中的拼图功能是比较强大的。它可将多张图片利用不同的拼图方式整合成一张图片，符合用户制作要求。

在美图秀秀主界面中单击“拼图”按钮，进入“拼图”界面。打开其中一张图片，并在上方选项卡中选择好拼图的方式。例如选择“模板拼图”方式，并选择好模板，如图3-49所示。

双击第二块空白格子，会打开图片选择对话框，在此选择第二张图片素材即可填入该模板中。按照同样的方法，将其他两张图片填入模板中，结果如图3-50所示。

在模板中单击任意一张图片，在弹出的“照片”界面中可进行缩放、翻转、替换、删除操作，如图3-51所示。

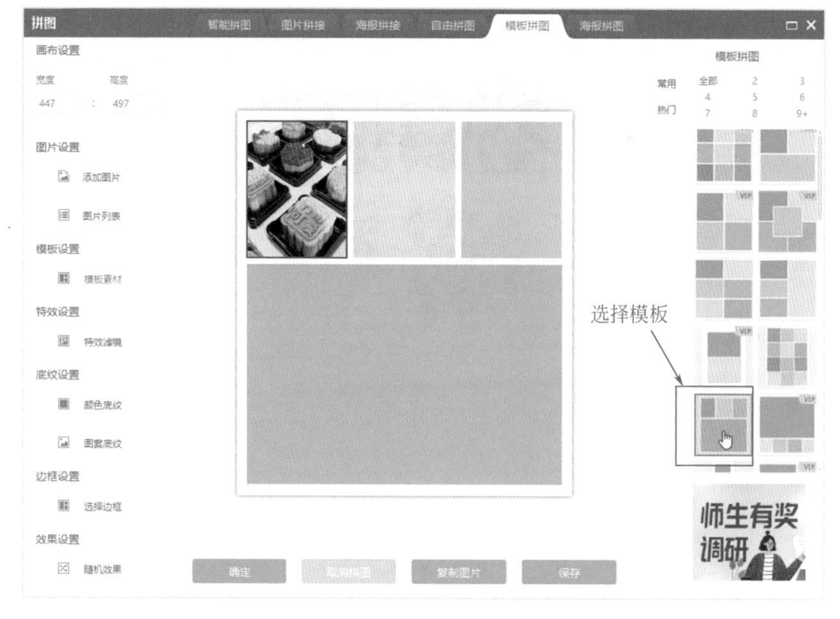

图3-49

图3-50

图3-51

在左侧界面中，用户可为当前模板添加“特效滤镜”，进行“底纹设置”“边框设置”等操作，如图3-52所示。设置完成后单击“保存”按钮，保存该拼图模板。

图3-52

（3）美化图片

利用美图秀秀可以对图片进行快速美化。在主界面中单击“美化图片”按钮可进入该操作界面，将“月饼”图片添加至该界面中。单击“裁剪”按钮，对图片进行裁剪，如图3-53所示。

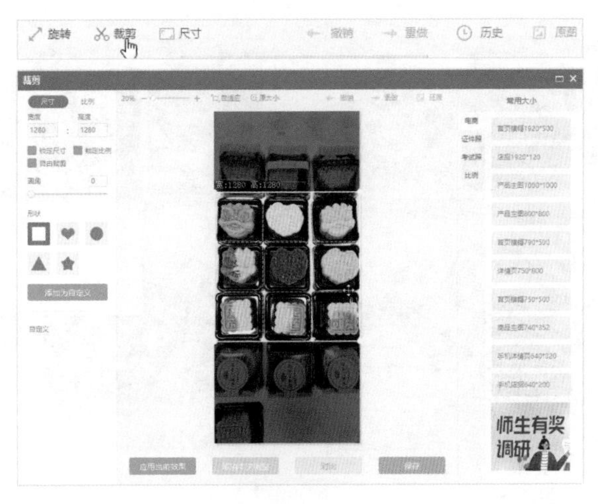

图3-53

在左侧列表中选择“智能优化”选项，系统会自动为当前图片进行优化。用户也可根据图片内容选择优化种类。单击“边框”选项卡，选择一款边框样式，可为当前图片添加边框，如图3-54所示。

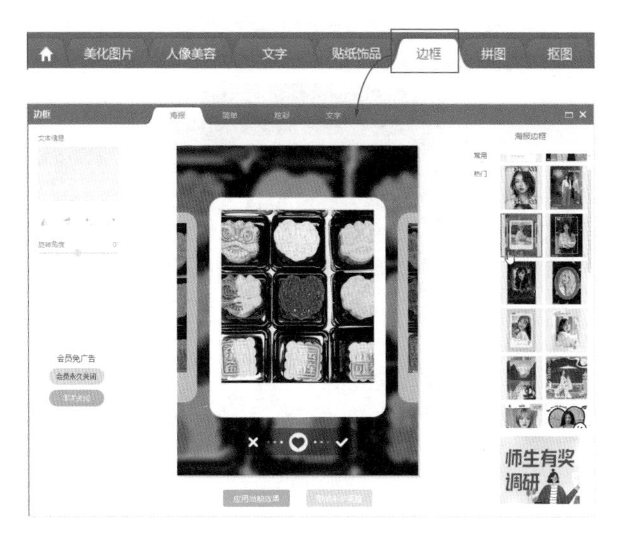

图3-54

切换到“文字”选项卡，选择好一款文字样式，输入文字内容，即可为当前图片添加文字注释，如图3-55所示。

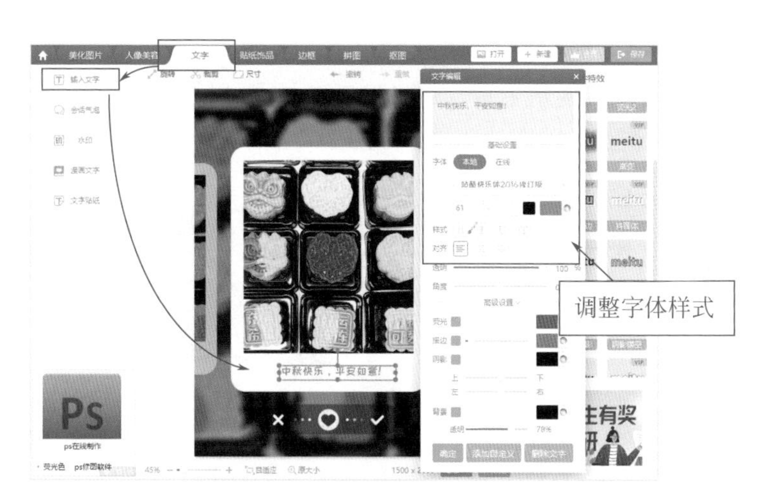

图3-55

切换到“贴纸饰品”选项卡，在此选择一款合适的贴纸，对当前图片进行修饰，如图3-56所示。设置好后单击“保存”按钮，完成图片美化操作。

图3-56

3.3.3 在线图片处理工具

除了使用软件处理图片外，用户还可以利用很多在线处理网站来操作。这样可以免去下载并安装软件的麻烦，也减小了电脑存储的容量。

（1）removebg在线抠图

打开removebg网站主页，将“猫”素材文件拖至网站中，网站会自动根据图片快速去除图片背景，如图3-57所示。

图3-57

（2）稿定设计在线制作

稿定设计网站可直接在线使用Photoshop的功能，其界面布局几乎与Photoshop类似，在线设计、处理图片非常方便，如图3-58所示。

图3-58

扫码观看
本章视频

第4章 音视频处理软件

音视频处理软件主要对音频和视频进行加工处理，包括播放器的使用、音视频的录制、音视频文件的剪辑以及后期特效的添加等。本章将介绍一些常用的音视频处理软件，例如PotPlayer播放器、GoldWave音频处理工具、Camtasia视频编辑工具、格式工厂转换工具等。

4.1 音视频文件的播放

由于音视频文件是经过特殊编码的文件，所以需要经过专业的播放软件进行解码后才能播放。常见的编码方式有MP3、MP4、WMV、WMA、AVI、MKV等。选择一款合适的音视频解码播放器尤为重要。

☆4.1.1 PotPlayer的使用

PotPlayer是目前口碑较好的一款播放器。该软件体积小、支持多种音视频文件的解码、使用方便快捷，而且功能非常强大。除了启动速度快、播放稳定，它还支持给视频添加字幕、设置个性化皮肤等。用户可以到其官网下载64位安装包。下面介绍该软件的使用方法。

注意事项：

目前的电脑基本上都是64位的操作系统，可以使用32位和64位的软件。但如果操作系统是32位的，那么只能使用32位的软件。

下载并安装该软件时，可以勾选“关联所有格式”复选框，以便安装后，所有的音视频文件都能使用该软件打开，如图4-1所示。安装完毕后，勾选“安装额外的编解码器”复选框，单击“关闭”按钮，软件会下载配套的编解码器，以适应更多的音视频播放格式，如图4-2所示。在弹出的编解码器安装界面中，建议勾选全部组件并安装。

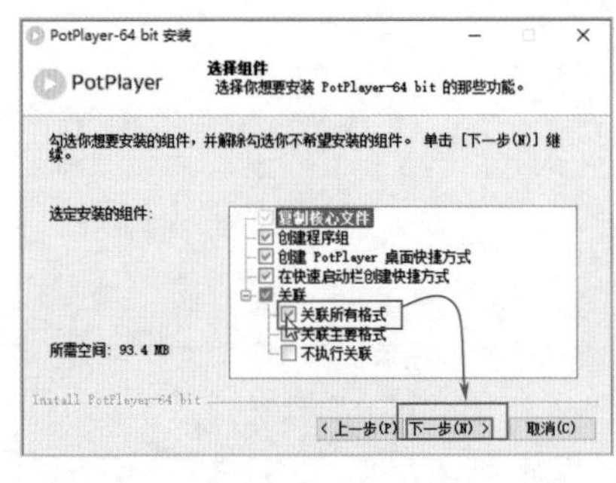

图4-1

图4-2

双击需要播放的音视频文件，PotPlayer会自动启动并对音视频进行解码播放。

按F5键可打开“参数选项”界面，选择“快捷键”选项，在“鼠标”选项卡中定义鼠标的功能。单击“左键单击”下拉按钮选择“播放|暂停”选项。按照同样方法，将“左键双击”设置为“最大化+默认尺寸”，如图4-3所示。单击“确定”按钮，完成鼠标功能的设置操作。

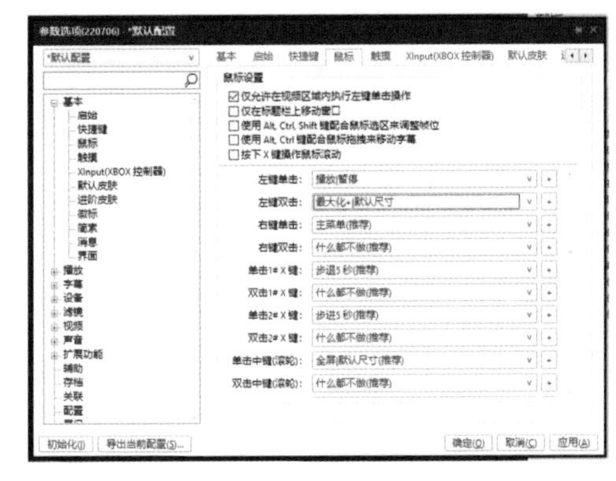

图4-3

视频暂停播放后，按F键可以向后逐帧播放，按D键可以向前逐帧播放。这样可找到指定位置的帧，并可进行截图操作。

右击视频，从列表中选择“字幕”，在级联菜单中可以设置字幕内容及其样式。

单击界面右下角的“打开列表”按钮，可显示PotPlayer的播放列表，可在其中添加本地的音频文件或视频文件，让其按照顺序进行播放，如图4-4所示。

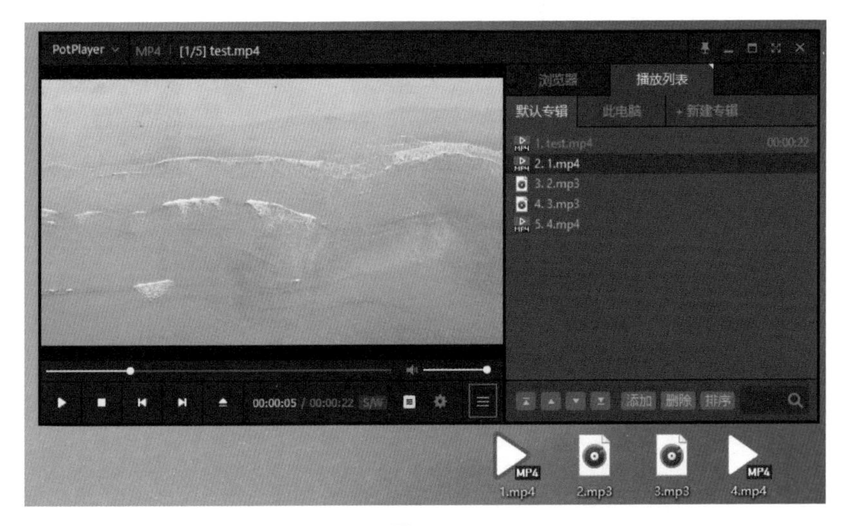

图4-4

4.1.2 在线听歌及观看视频

利用PotPlayer也可播放在线视频，但现在很多影视资源提供商都有自己的播放器，用以播放自己的音视频资源，如QQ音乐播放器和腾讯视频播放器等。下面将着重介绍在线听歌及观看视频的方法。

（1）使用QQ音乐在线听歌

QQ音乐是腾讯公司推出的一款网络音乐服务产品，由于和QQ关联度很高，所以QQ音乐的使用率也非常高。

启动QQ程序后，单击“QQ音乐”按钮即可进入QQ音乐主界面。用户可以根据需要选择所需的歌单，单击“播放”按钮即可在线收听，如图4-5所示。

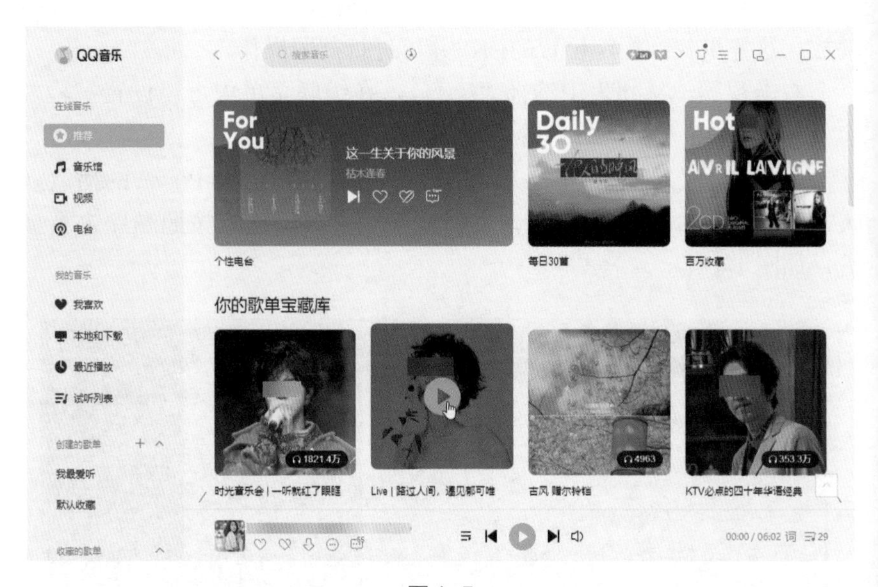

图4-5

单击右下角“播放列队”按钮，可打开歌单列表，在此可对某首歌曲进行收藏、分享、删除等操作，如图4-6所示为对歌曲进行收藏的操作。

收藏后的歌曲会添加到界面左侧相应的音乐库中，方便以后收听，如图4-7所示。

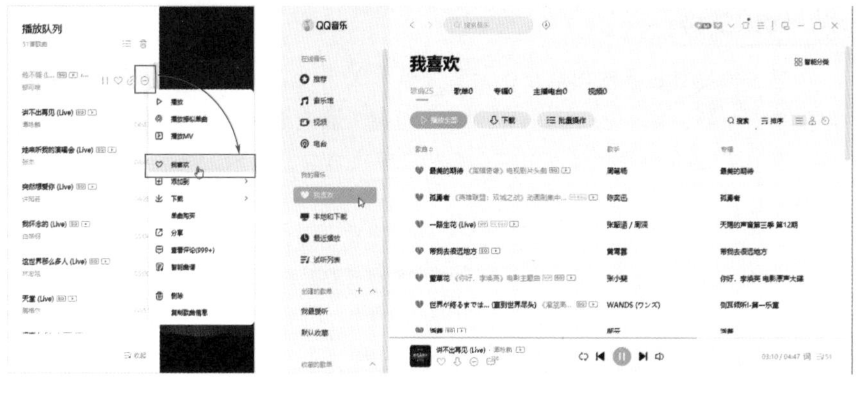

图4-6　　　　　　　　　　　　图4-7

如果需要查找指定的歌曲收听，可在界面上方搜索栏中输入歌曲名称，单击“搜索”按钮，在结果列表中选择所需歌曲即可，如图4-8所示。

图4-8

默认情况下，QQ音乐会显示桌面歌词，将光标移动至该歌词上方后，会显示出设置工具栏，如图4-9所示。单击工具栏中的“⚙”按钮可对歌词的颜色以及格式进行设置。单击“☒”按钮可关闭桌面歌词显示。

图4-9

知识链接：

想要创建自己喜欢的歌单，则需先登录QQ音乐，单击左侧列表中的“创建歌单”按钮，输入歌单名称即可。通过搜索指定歌曲的方式，将歌曲逐一添加至自己的歌单中，如图4-10所示。下次启动软件后可直接播放该歌单中的曲目。

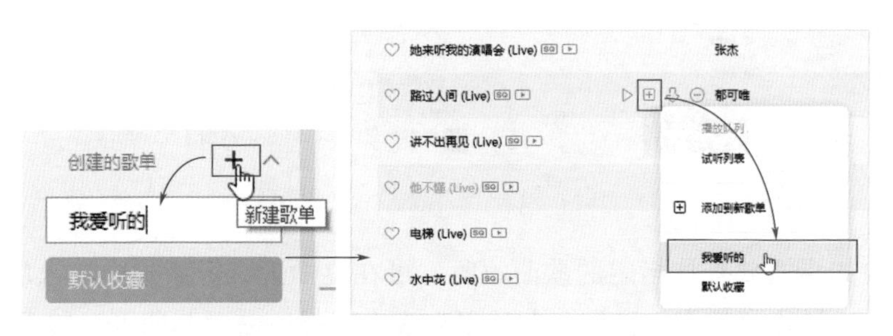

图4-10

单击主界面右上角“主菜单” ☰ 按钮，在列表中选择“设置”选项，在“设置”界面中，用户可对软件的“常规设置”“下载与缓存”“桌面歌词”“快捷键”等选项进行设置，以符合自己的使用习惯，如图4-11所示。

图4-11

（2）使用腾讯视频播放器观看视频

腾讯视频播放器是腾讯视频旗下的客户端产品，支持内容丰富的在线点播及电视台直播，提供列表管理、视频音量放大、色彩画质调整、自动关机等强大的功能服务。

下载安装并启动软件后，在搜索栏输入要查看的视频名称，单击“全网搜”按钮，单击某剧集即可启动播放，如图4-12所示。

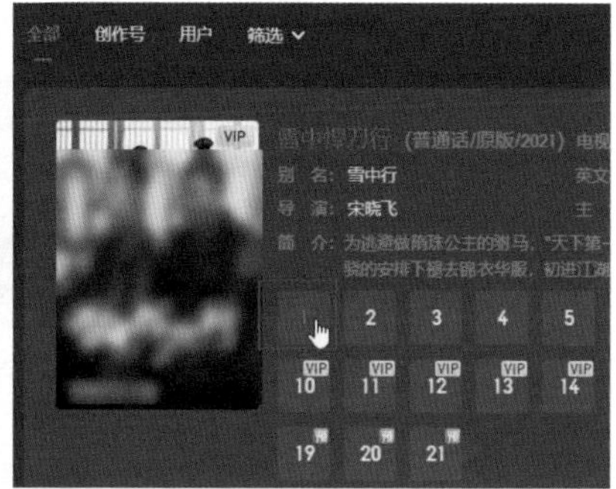

图4-12

在播放过程中，可以通过界面下方的控制柄来调节进度，还可以设置清晰度、选集等。单击“⚙”按钮可设置播放的速度、弹幕的样式、画面的比例、显示的亮度等参数，如图4-13所示。

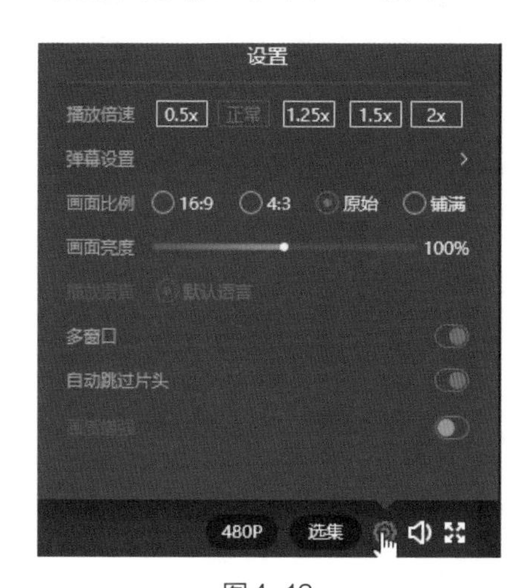

图4-13

如果想要下载某个视频，可单击播放窗口上方的“下载”按钮，登录账号后，选择下载的集数和清晰度，单击“确定”按钮，就启动下载功能了。

注意事项：

下载完毕的视频是腾讯视频专用的“.qlv”格式的文件，只能使用腾讯视频播放器打开。

除了播放在线视频和下载的腾讯视频外，该播放器还可以播放本地视频，也支持大多数的视频格式，如图4-14所示。

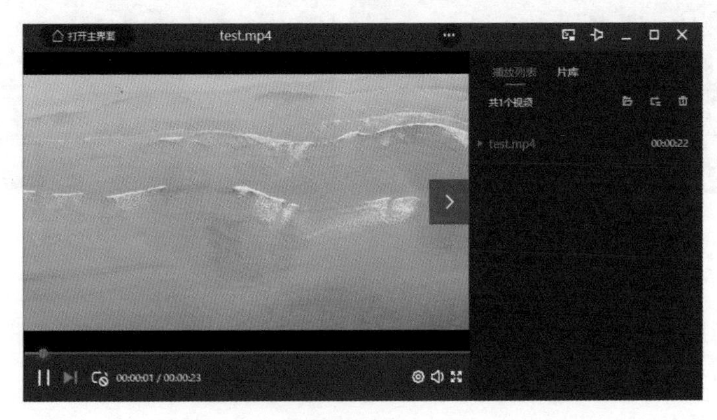

图4-14

4.2 音视频录制软件的使用

利用音视频录制软件可以录制电脑屏幕中的任意操作，并生成音视频文件与其他人共享。目前，常用的音视频录制软件有GoldWave音频录制软件、Camtasia Recorder屏幕录制软件、oCam屏幕录像机等。下面将对这三种录制软件进行介绍。

4.2.1 使用GoldWave录制音频

GoldWave是一款非常出色的音频录制及编辑工具。它支持所有的音频格式，无论是常见的WAV、MP3，还是罕见的MAT、DWD、SMP、VOX、SDS等，GoldWave都能轻松驾驭。

（1）录制音频

启动GoldWave软件，将话筒插入电脑的麦克风接口中。在主界面中单击“●”按钮，新建文件，在“持续时间”对话框中设置“录制时间”的最大值，如10:00.0（10分钟），单击“OK”按钮，就可以开始录制声音了，如图4-15所示。

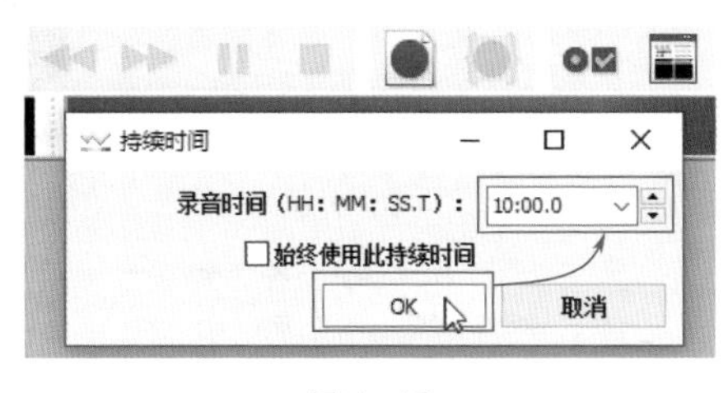

图4-15

在录制的过程中会显示出录制声音的波形。按“❚❚”按钮可暂停录制。录制完成后可单击“■”按钮，结束录制，如图4-16所示。从“文件”菜单中选择“另存为”选项，可保存录制的声音文件，如图4-17所示。

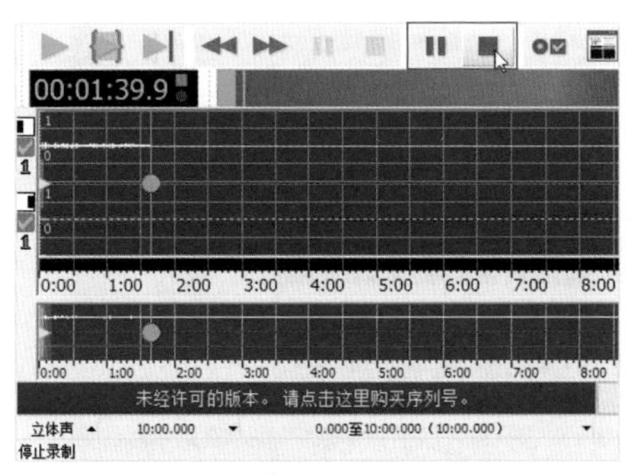

图4-16

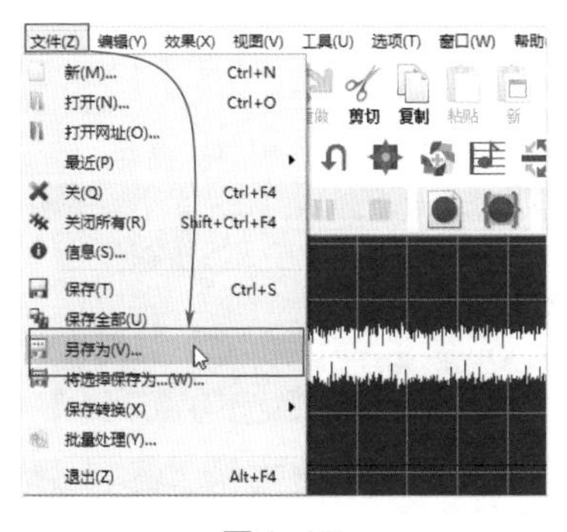

图4-17

（2）声音降噪及调整音量

降噪和调整音量是音频处理软件的基本功能。利用降噪可以有效地清除音频中的杂音和噪声。如果录制的音量较小，则可以根据需求调大默认音量。

使用Ctrl+A组合键全选音频波形，在菜单栏中单击“降噪”按钮，在打开的“降噪”界面中单击“OK”按钮，系统会自动对当前这段音频进行降噪处理，如图4-18所示。

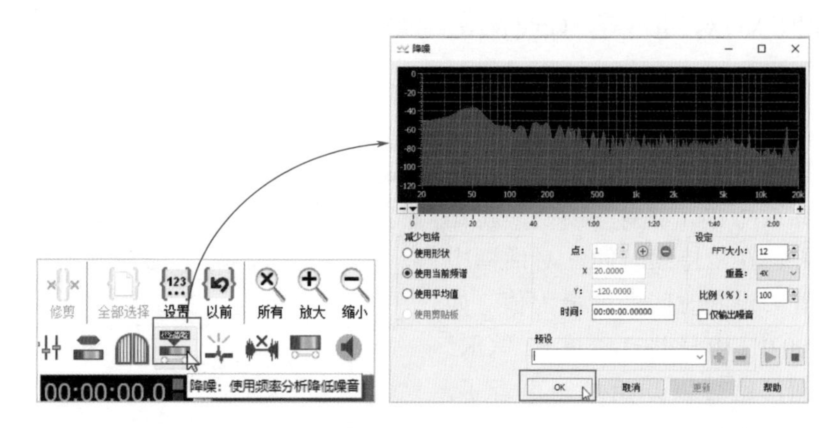

图4-18

如果要调整音量，可在选中音频波形后单击“改变音量”按钮，在打开的“改变音量”对话框中单击“100%”按钮，并选择好放大的比值，如图4-19所示。

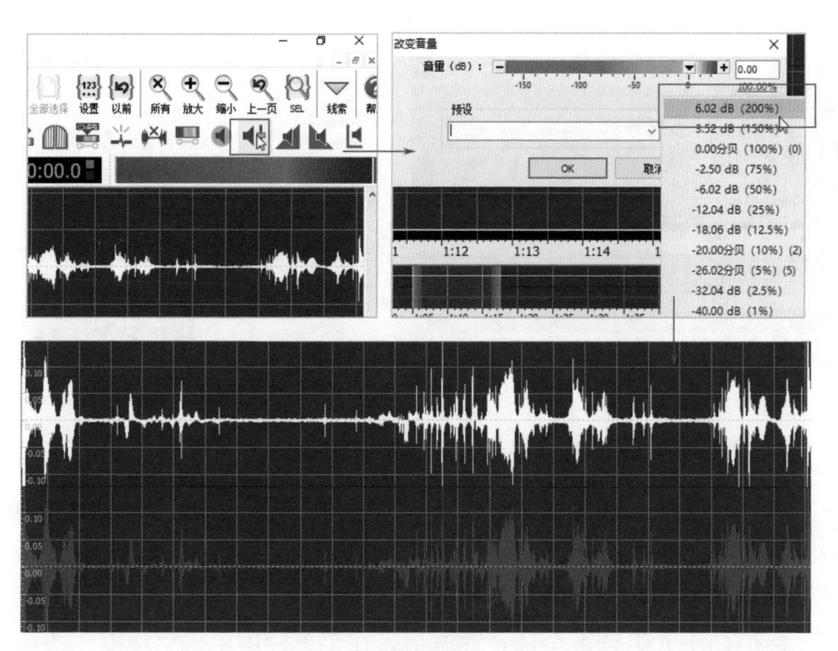

图4-19

（3）音频文件的剪辑

如果要对某一段音频进行删减，可使用鼠标拖拽的方式选中要删减的波形区域，单击工具栏中的“删除”按钮，或者按Ctrl+X组合键进行剪切，如图4-20所示。

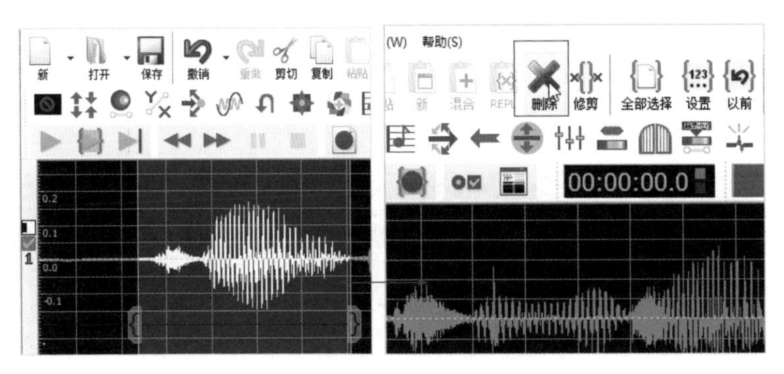

图4-20

在操作过程中，用户可按Alt键并配合鼠标滚轮来放大或缩小波形显示的范围。

此外，选区除了使用鼠标拖动方式外，还可在开始位置单击鼠标右键，选择“设置开始标记”选项，然后右击结束的位置，选择“设置完成标记”选项，此时两个标记间的音频内容就被选中了，如图4-21所示。

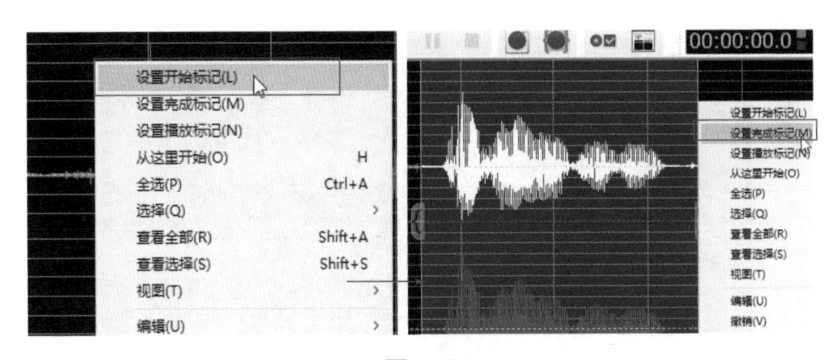

图4-21

4.2.2 使用Camtasia Recorder录制视频

Camtasia Recorder是一款非常好用的屏幕录制工具，可以帮助用户录制电脑屏幕。此外，该软件提供了捕获、视图、效果、工具、帮助等选项，尽力为用户提供最好的录制服务。

（1）视频的录制

下载并安装该软件后，会在桌面上创建“Camtasia”图标，该软件是视频编辑软件，而Camtasia Recorder为屏幕录制软件，包含在Camtasia中。启动“Camtasia Recorder”录制软件后，会打开录制器主界面，在此可对录制的尺寸、音量、摄像头、麦克风等参数进行设置，默认是全屏录制，如图4-22所示。

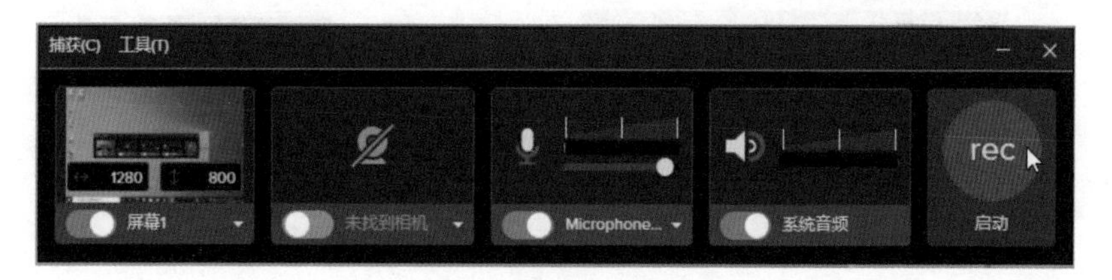

图4-22

设置后，单击“rec（启动）”按钮，进入倒计时界面，如图4-23所示，倒计时结束后则进入录制状态。在录制过程中会显示录制工具栏，在此会显示录制的时长，以及麦克风和音频输出的状态。单击“■”按钮暂停录制；单击“□”按钮结束录制。当然，用户也可按F9启动或暂停录制；按F10结束录制。

图4-23

（2）设置录制尺寸

在录制器主界面中单击“屏幕1”下拉按钮，在列表中可以选择预设的录制尺寸。也可以单击“选择区域”选项，手动绘制录制的区域，如图4-24所示。

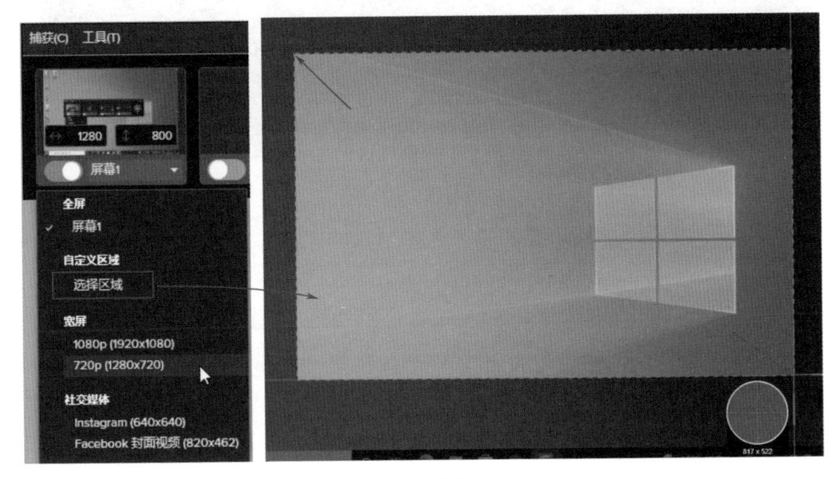

图4-24

录制区域设置后，通过调整录制区域的控制角点来移动该区域，如图4-25所示。也可在录制区域中直接输入录制的长宽值来确定录制区域范围，如图4-26所示。

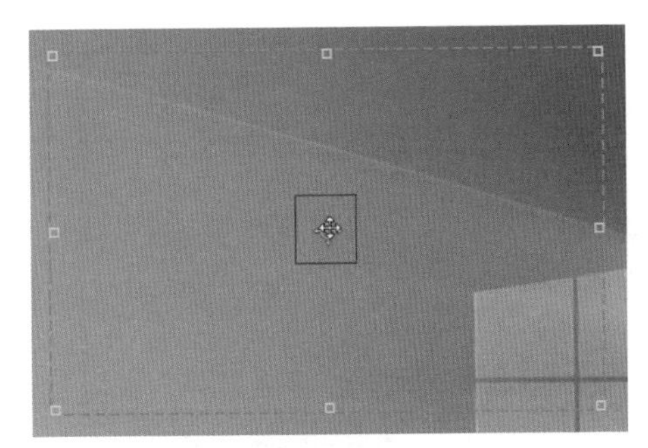

图4-25

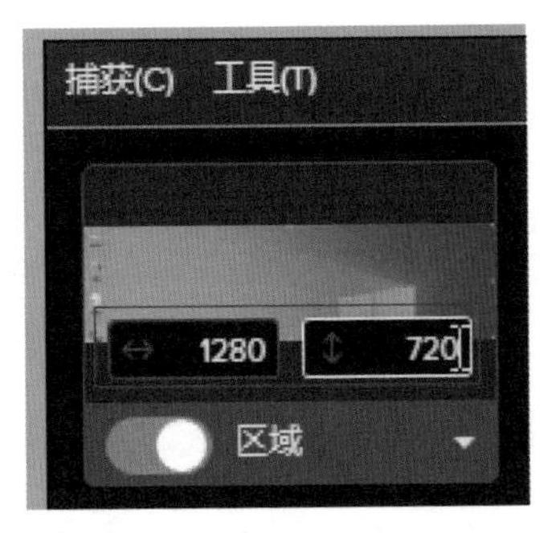

图4-26

(3) 设置录制设备

在主界面的“相机”“Microphone（话筒）”“系统音频”选项组中，用户可通过控制按钮来确定是否录制话筒声音、系统声音、摄像头内容等。单击“工具”→“首选项”选项，在打开的“Recorder首选项”界面中可以设置录制时的一系列参数，以符合录制的要求，如图4-27所示。

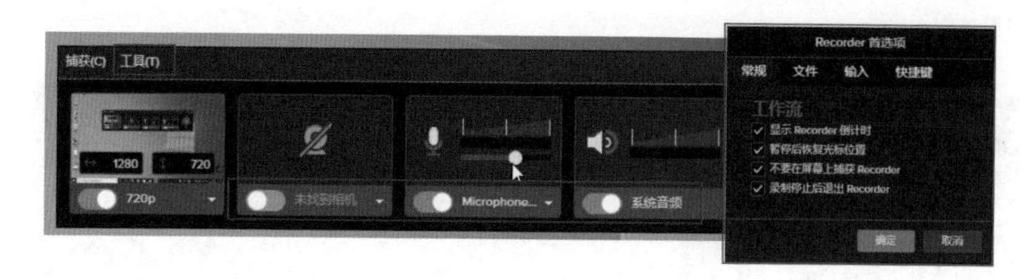

图4-27

4.2.3 使用屏幕录像机录制视频

oCam也叫作屏幕录像机，是一款小巧简单的免费屏幕录像工具。其界面简洁，编码功能强大，支持各种录制模式，还能捕捉正在播放的声音。

（1）录制视频

oCam有单文件版本，无须安装，下载之后双击软件即可启动。在主界面中单击“录制区域”按钮，根据需要选择录制尺寸。也可以选择“自定义大小”选项，手动设置录制尺寸，单击“录制”按钮，如图4-28所示，启动录制。

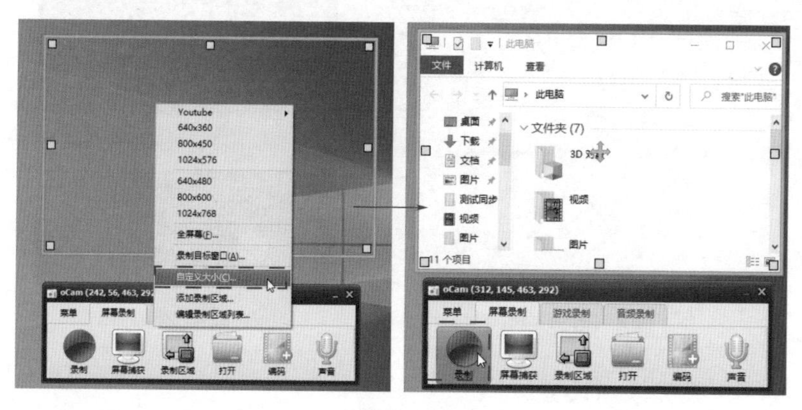

图4-28

录制的过程中，可以查看到当前录制的时间、当前录制的文件大小、剩余的录制空间，可以随时暂停录制。录制完毕后单击“停止”按钮结束录制，如图4-29所示。

图4-29

在主界面中单击“打开”按钮，可打开录制的文件所在文件夹，双击该文件即可播放，如图4-30所示。

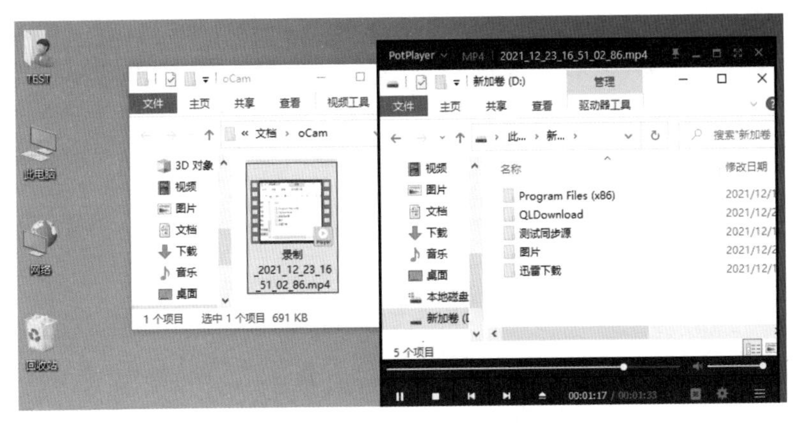

图4-30

（2）设置录制参数

该软件使用非常自由，可以根据实际使用要求来设置合适的参数。

单击“编码”按钮可设置录制时的编码方式和保存的文件类型，如图4-31所示。单击“声音”按钮，可设置录制时的音频输入源，是否录制系统的声音，是否使用麦克风，使用哪个麦克风，如图4-32所示。

图4-31

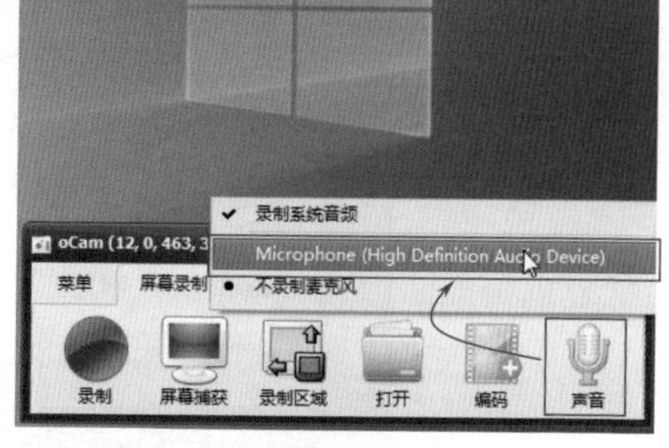

图4-32

知识链接：

单击“屏幕捕获”按钮，可以捕获当前录屏范围内的图像，并保存到目录中。此外，该软件有预设的专门用于游戏录制和音频录制的功能，用户可以直接使用，但需要根据实际情况设置“声音”的采集方式。

从“菜单”选项卡中选择“选项”，可以打开高级设置界面。在“快捷键”选项中可设置录制时的快捷键；在“效果”选项中可设置鼠标的单击效果；在“水印”选项中可为视频添加水印；在“录制”选项中可设置oCam的基本录制参数，包括录制时是否包含鼠标、视频的录制帧率、质量等。

4.3 视频编辑软件的使用

视频录制后，通常需要对视频进行加工编辑，例如删除错误操作、添加背景音乐、添加片头和片尾内容、添加画面特效等。本节将对一些常用的视频编辑软件进行介绍。

4.3.1 使用Camtasia编辑视频

使用Camtasia Recorder软件录制完视频后，系统会自动启动Camtasia编辑软件，在此可对录制的视频内容进行加工编辑。

（1）使用Camtasia导入视频

如需在Camtasia编辑软件中导入录制的视频，可在启动软件后，单击“新建项目”按钮，将所有需要编辑的视频拖入“媒体箱”中即可，如图4-33所示。

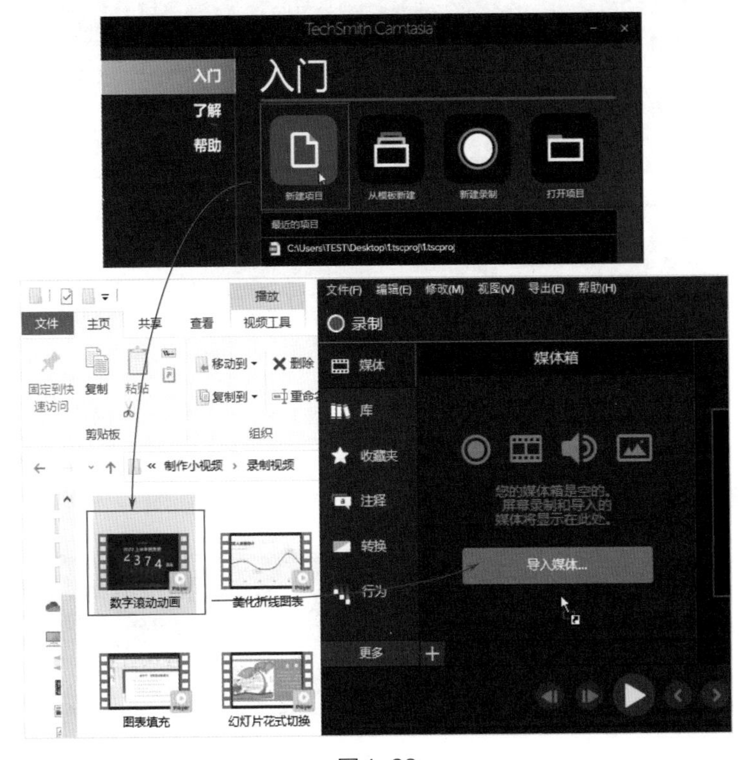

图4-33

知识链接：

Camtasia Recorder录制的视频，默认格式是“.trec”，只有通过Camtasia打开并编辑，才可以添加特效；而其他格式的视频可以直接导入，但无法添加一些特殊效果。

（2）剪辑视频内容

将“媒体箱”中的文件拖动到下方的编辑轨道中。右击视频文件，在快捷菜单中选择“分开音频和视频”选项，可将录制的视频和音频分成两个轨道来显示，如图4-34所示。

图4-34

单击轨道上方的“播放”按钮，可浏览视频内容。若出现有误的内容，可通过轨道中的播放指针来指定要删除的区域。其中绿色滑块为开始，红色滑块为结束。拖动这两个滑块调整即可，如图4-35所示。

图4-35

单击“”按钮，或直接按Ctrl+X组合键就可以删除被选区域。如果只需对视频内容进行修剪，那么可单击音频轨道中的“锁定轨道”按钮锁定音频内容，如图4-36所示。

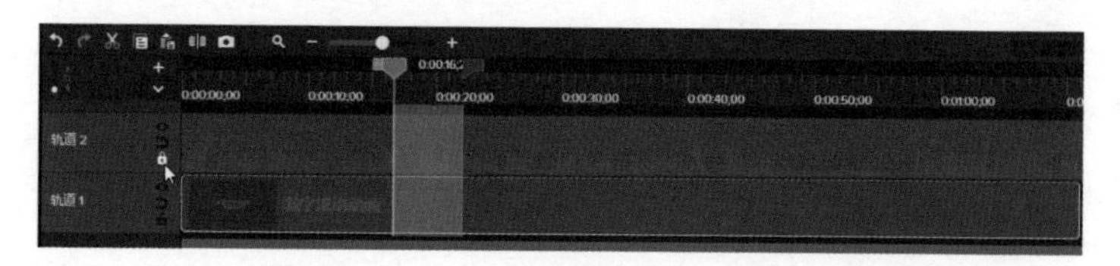

图4-36

如果需要对视频中某一段内容设置加速播放，就要先对这一部分内容进行分割。将播放指针分别定位至内容的开始处和结尾处，单击“”

按钮，将内容进行分割，使这部分视频成为独立的一段。选中该段，右击鼠标，选择“添加剪辑速度”选项，向左拖动速度滑块至合适位置，可对这段内容加速，如图4-37所示。

图4-37

若想为视频添加片头、片尾图片，可将图片直接拖入“媒体箱”中，并将其分别拖拽至新轨道中，调整好两张图片的位置，如图4-38所示。

图4-38

（3）添加转场动画

在Camtasia中可以在多个视频间添加转场动画，使视频过渡更加顺滑。在左侧单击“转换”选项卡，可以查看多种转场动画，选择一款合适的转场动画并将其拖拽至当前播放指针处，完成转场动画的添加，如图4-39所示。

图4-39

（4）添加注释

如果需要在视频中添加一些注解内容，可将播放指针定位至所需位置处，单击“注释”选项卡，选择一款气泡样式，并将其拖拽至屏幕合适位置，双击气泡，输入内容，如图4-40所示。

图4-40

选中注释内容，在右侧设置面板中可对其文本进行设置，包括气泡颜色、大小及样式等，如图4-41所示。

图4-41

在轨道中用户可以调整气泡进入和退出的时间点，如图4-42所示。

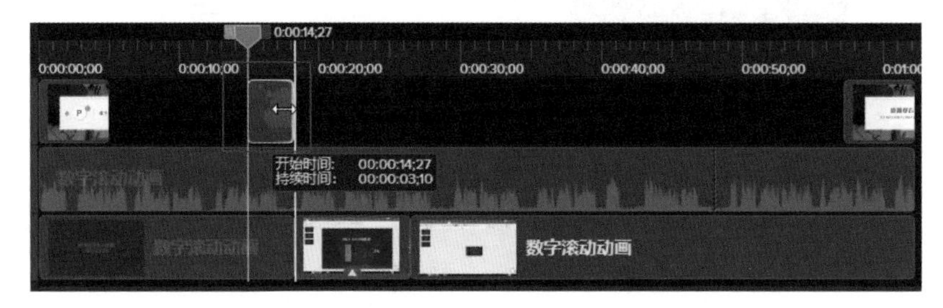

图4-42

（5）视频导出及添加水印

在视频编辑完毕后，可以导出成播放器可以播放的格式，还可以添加水印，防止被盗录。

单击右上角“导出”按钮，在这里可选择导出的视频格式。例如，选择“本地文件”选项，打开“生成向导”界面，单击“下一页”按钮，如图4-43所示。选择导出的类型，默认为MP4，单击“下一页”按钮。在打开的界面中保持默认值，单击“下一页”按钮，如图4-44所示。

勾选“包含水印”复选框，选择需要添加的水印，单击“下一页”按钮。设置生成的文件名，设置导出的文件夹，单击“完成”按钮，如图4-45所示，软件会自动启动并导出。完成后双击导出的视频即可浏览视频效果。

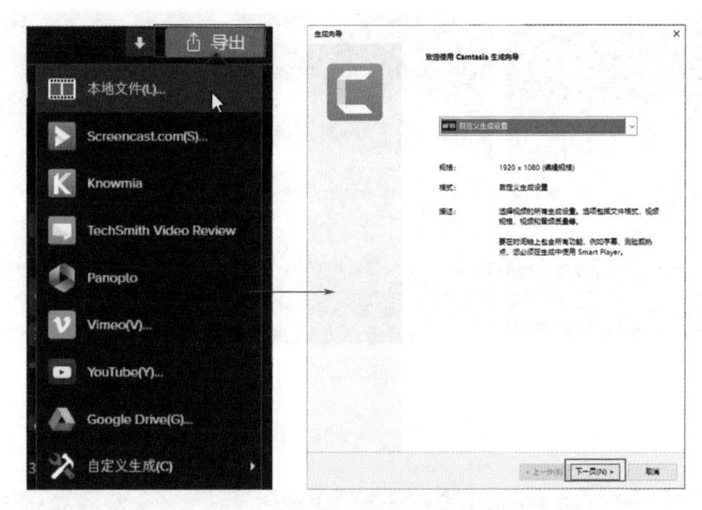

图4-43

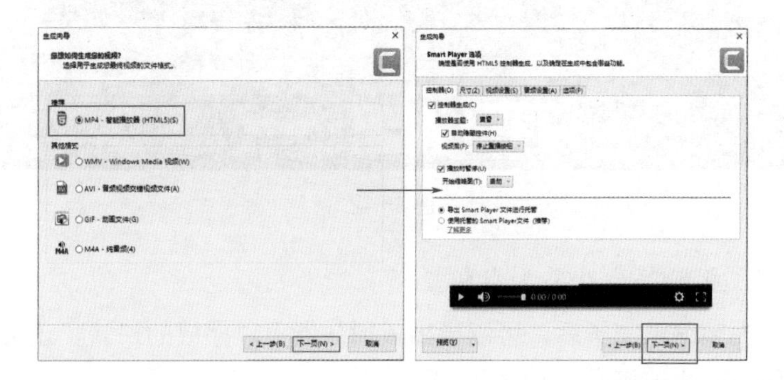

图4-44

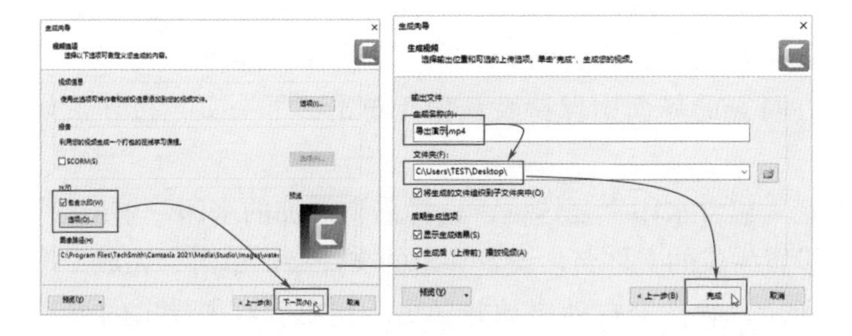

图4-45

☆4.3.2 使用剪映编辑视频

剪映专业版是一款轻巧且易用的视频编辑工具，能够轻松对视频进行各种编辑，包括卡点、去水印、特效制作、倒放、变速等。下面将对剪映的基本操作进行介绍。

（1）使用剪映剪辑视频

启动剪映，进入软件主界面。单击“开始创作”按钮，可进入编辑界面，如图4-46所示。

图4-46

将视频文件拖动到“本地”素材库中，同时，将视频从素材库拖动到下方的编辑轨道中，如图4-47所示。

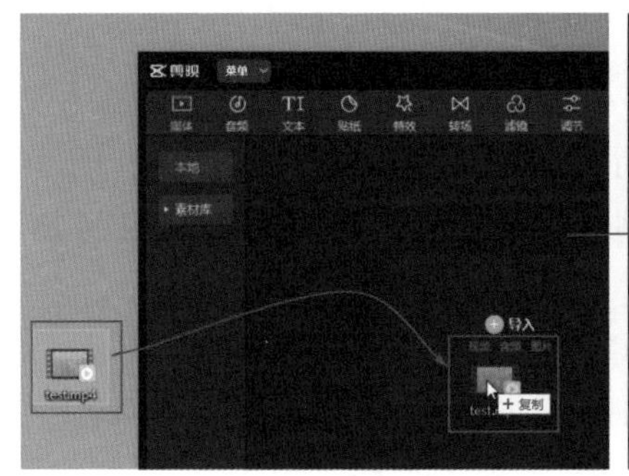

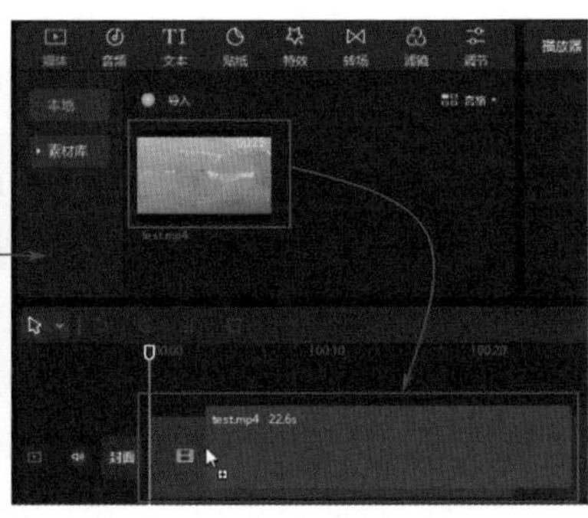

图4-47

在要删除的片段的起始位置单击“分割”按钮，同时，在结尾处也进行分割，选中分割后的片段，按Delete键可将其删除，如图4-48所示。

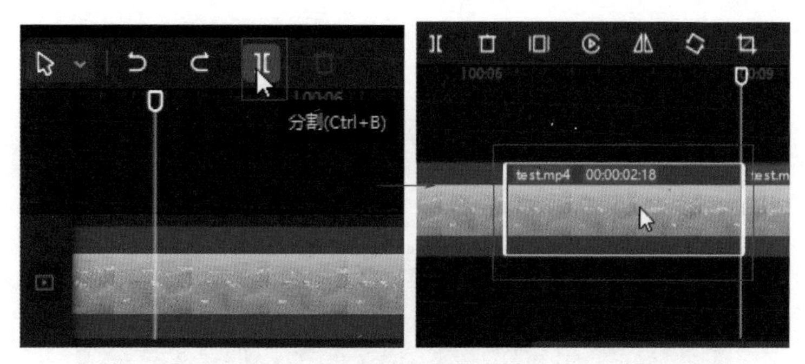

图4-48

（2）使用视频编辑控制条

在视频轨道上方，有视频编辑控制条，包含多个控制按钮，如图4-49所示。

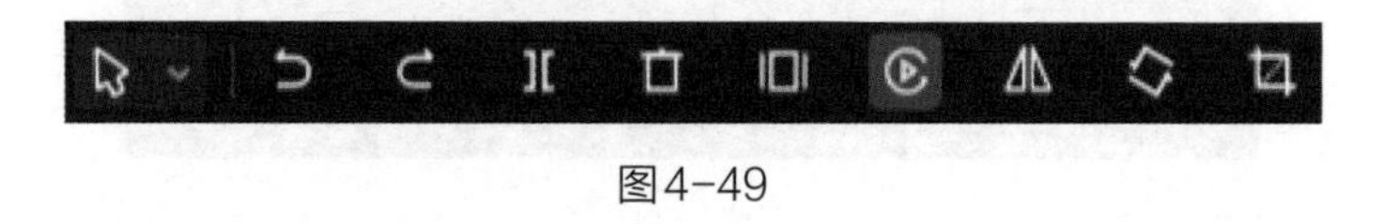

图4-49

下面将对这些按钮进行简单说明。

- 选择和分割状态切换按钮：按快捷键A切换到“选择”状态，可以选择视频；按快捷键B切换到“分割”状态，可以在视频任意处切割，完毕后切换回“选择”状态；可以选择视频的中间进行删除、设置特效等操作。
- 撤销及重做按钮：操作错了可以向前撤销或者向后重做。
- 分割按钮：执行一次分割一次，如需多次分割可切换到分割状态。
- 删除按钮：删除选中的视频。
- 定格按钮：将当前位置的画面定格，可以设置定格的时间。
- 倒放按钮：可以将当前选中的视频反向播放。
- 镜像按钮：可以将视频的左右方向互换，在一些特殊的情况下使用。

- 旋转按钮：按一次可顺时针旋转90°。
- 裁剪按钮：可以调出裁剪框，按照需要将画面裁剪成合适的尺寸。

（3）变速播放视频

选中需要操作的视频，在右侧的“属性”窗格中切换到“变速”选项卡，在其中可以设置视频的播放倍速，也可以设置视频的总时长，如图4-50所示。

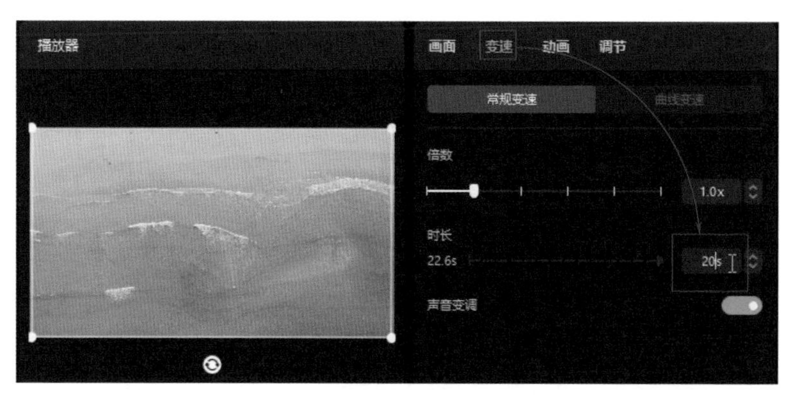

图4-50

知识链接：

启动“声音变调”功能，可将录制的声音进行变调处理，以便增强视频的趣味性。

（4）添加片头

展开“素材库”选项组，选择“黑白场”选项，并选择满意的场景，软件会自动下载该素材，并将该素材拖动到视频开头处，如图4-51所示。默认的时间长度是5s，用户可拖动其时间条来控制开场的时间长度，如图4-52所示。

从“文本”选项卡中展开“文字模板”选项组，选择所需的文本样式，单击“下载”按钮可下载到本地，如图4-53所示。将文本拖动到编辑轨道中，并将文字时间条调整得与“黑场”一样长，如图4-54所示。

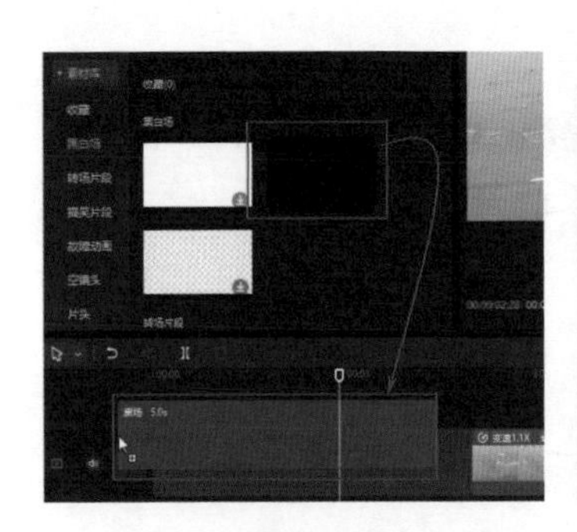

图4-51

图4-52

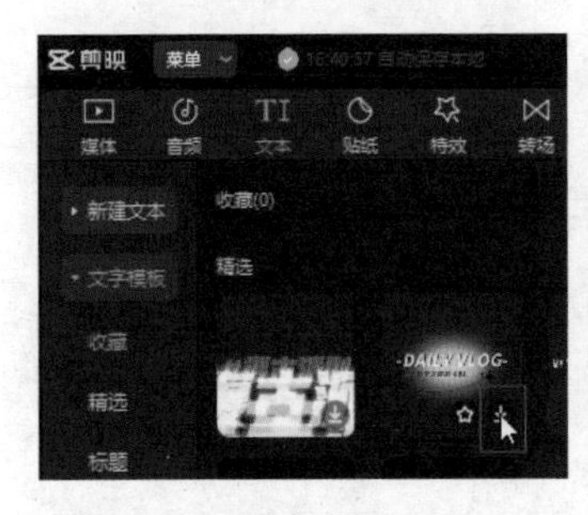

图4-53

图4-54

选中该文本条，在右侧的“属性”窗格中输入文本内容。在“朗读”选项卡中选择人声朗读类型，单击“开始朗读”按钮，可以将文字转换为声音，如图4-55所示。

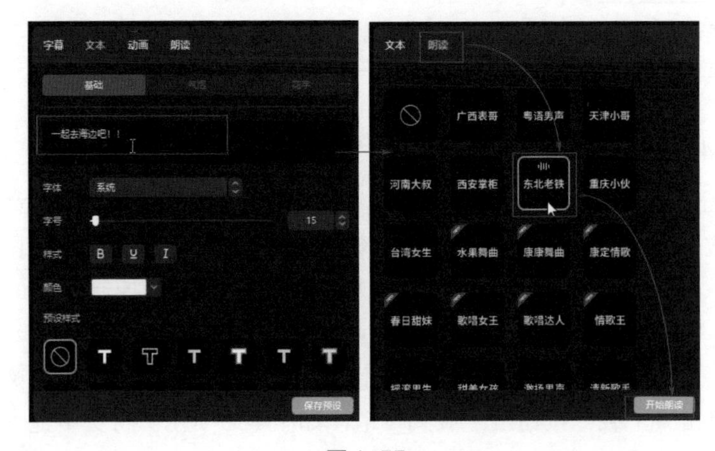

图4-55

（5）为视频添加高级效果

在“转场”选项卡中选择所需的效果，并将其拖至播放指针处，即可为视频添加转场效果，如图4-56所示。

在“特效”选项卡中选择一款满意的特效，并将其拖拽到视频上，可为视频添加特效，如图4-57所示。

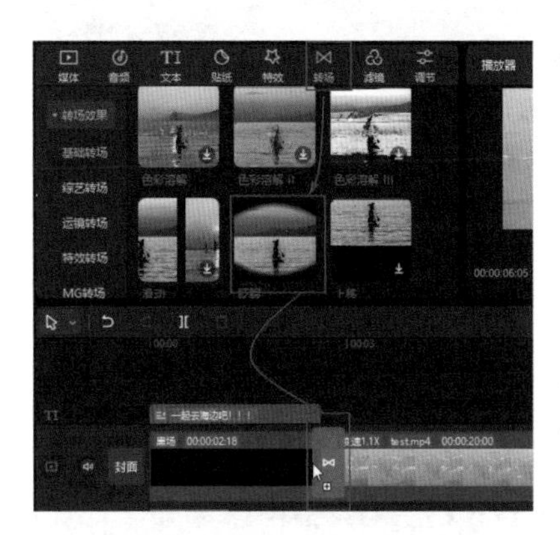

图4-56

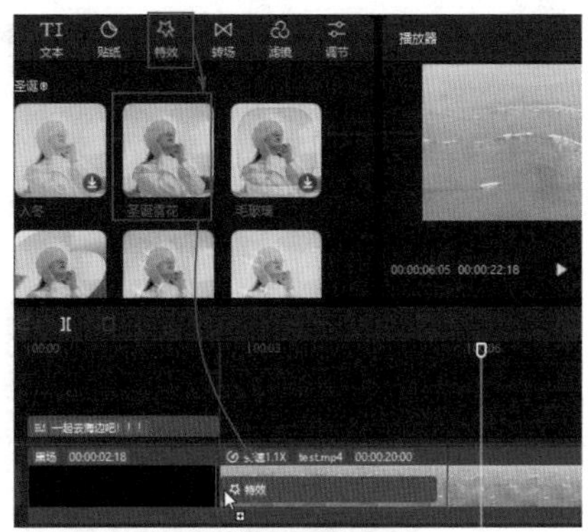

图4-57

知识链接：

可以将特效类的元素拖拽到视频上，为整个视频添加该特效；也可以拖拽到其他轨道上，形成特效条，通过设置特效条的长度和位置，为视频的某个时间段添加特效。

按同样的方法，可以为视频添加“滤镜”“贴纸”“媒体”“音频”等元素。

（6）添加字幕

剪映可以识别视频中的语音，并自动生成字幕。

选择视频，在“文本”选项卡中单击“识别字幕”→“开始识别”按钮，系统会自动为其添加字幕内容。适当调整字幕的参数，完成后可以查看效果，如图4-58所示。

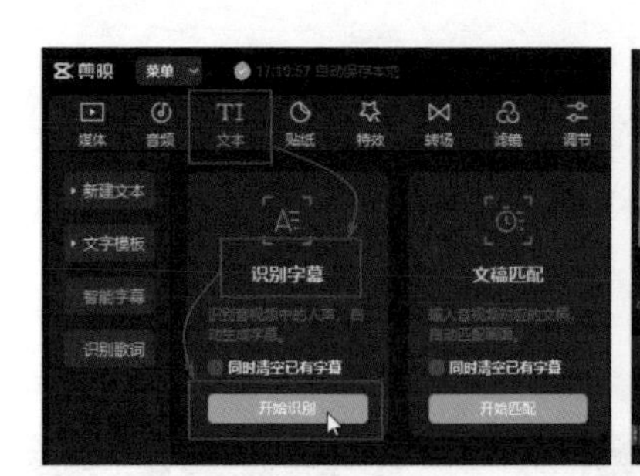

图4-58

（7）导出视频

剪映可以导出视频成普通的本地文件；也可以直接上传到抖音或西瓜视频中进行播放，前提是需要在剪映中登录相应账号。

单击界面右上角的“导出”按钮，设置好作品名称、导出的位置、分辨率、码率、格式等参数，完成后单击“导出”按钮，如图4-59所示。

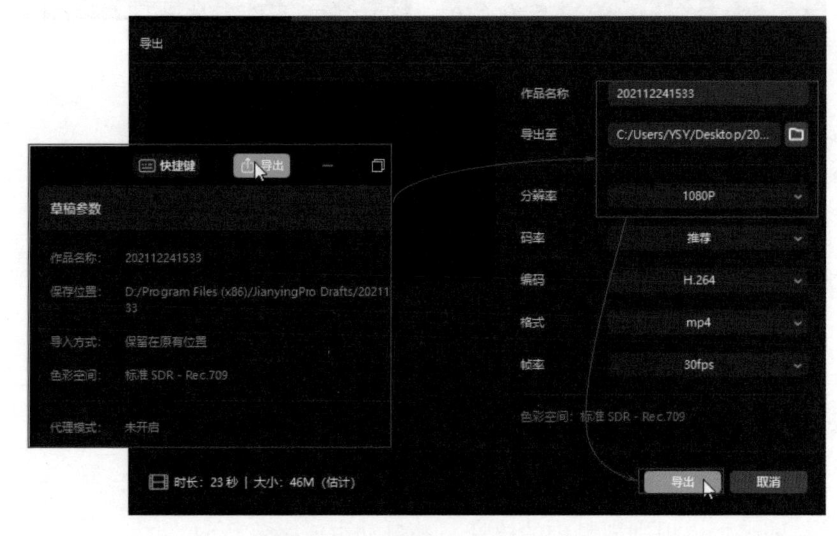

图4-59

导出后，会提示可以直接发布到抖音或西瓜视频。用户登录对应的平台账号后，会自动进入视频发布页面，稍作设置就可以直接发布到网上了，如图4-60所示。

图4-60

4.3.3 使用格式工厂对视频转码

视频被采集后文件体积会很大，可以通过某种编码方式进行计算，将其体积压缩，再保存或传播；播放时通过计算还原视频再进行播放。现在比较流行的编码方式有AVC（H264）、HEVC（H265）、DivX（MPEG4）、XviD（MPEG4）等。现在所说的MP4、MKV等视频格式，是对视频、音频、字幕等进行优化组合的一套标准。

不同的标准对应不同的应用场景。在办公过程中，有时会遇到需要使用特定视频格式的情况，这时可以采用“格式工厂”进行转码。

启动软件，在主界面中单击“MP4”按钮，将需要转码的视频文件选中，拖入弹出的“添加文件”界面，单击“输出配置”按钮，如图4-61所示。

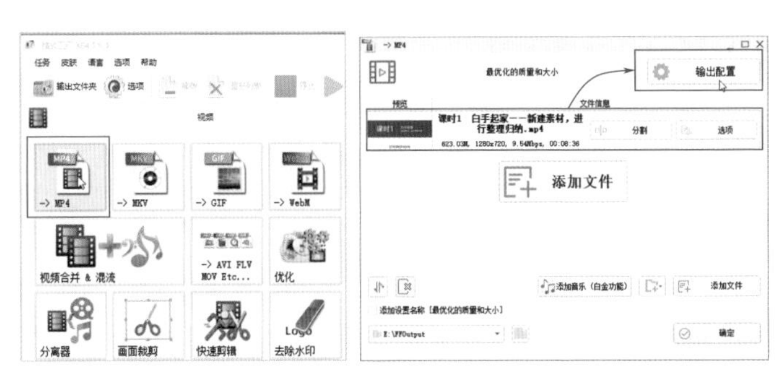

图4-61

知识链接：

在这里可以一次性拖入多个视频，统一处理。

在视频设置界面中单击“最优化的质量和大小”下拉按钮，选择预制的一些方案。可以使用预制方案，也可以手动对方案内容进行设置，如屏幕大小、码率等，完成后单击“确定”按钮，如图4-62所示。

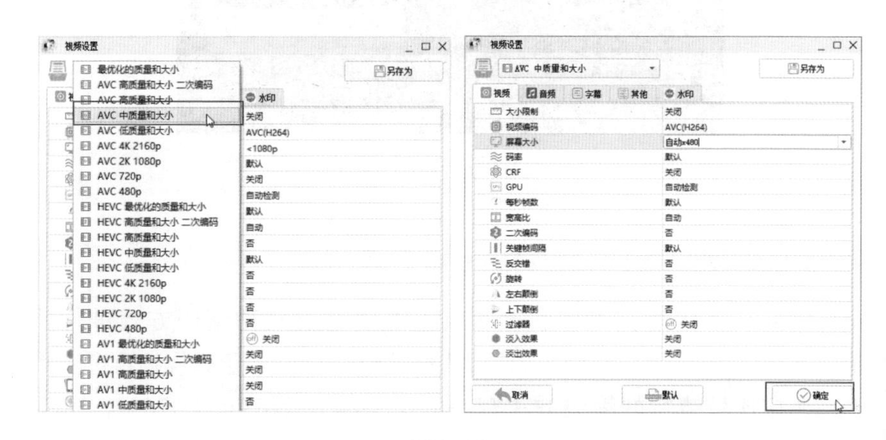

图4-62

设置好后，选择视频保存位置，单击“确定”按钮。在主界面中确认设置后，单击“开始”按钮，如图4-63所示。

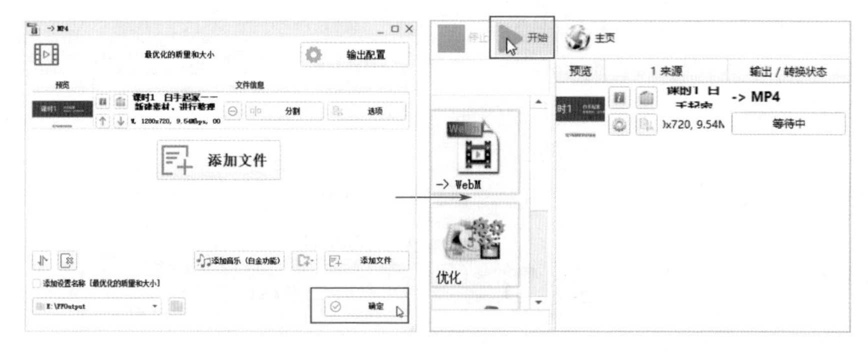

图4-63

视频开始启动转码，并显示转码进度，如图4-64所示。如果主机有支持视频处理加速的显卡，可以提高转码的速度。转码完成后会弹出提示信息，用户可查看转码后的视频效果。

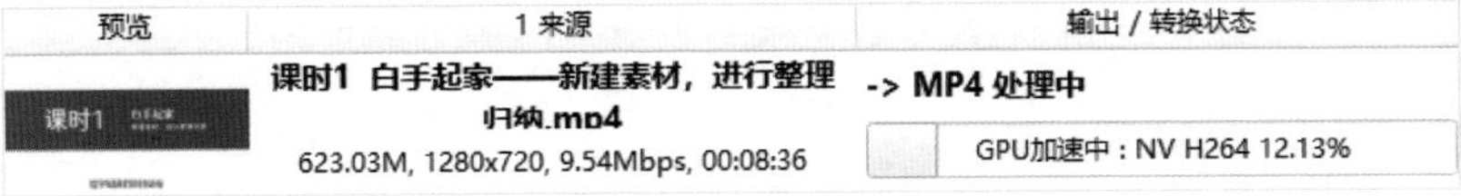

预览	1 来源	输出 / 转换状态
课时1 白手起家	**课时1 白手起家——新建素材，进行整理归纳.mp4** 623.03M, 1280x720, 9.54Mbps, 00:08:36	**-> MP4 处理中** GPU加速中 : NV H264 12.13%

图4-64

扫码观看
本章视频

第5章 文档处理软件

对于办公人员来说，文档处理软件再熟悉不过了。巧妙应用好这些软件可以提高办公效率。常见的文档处理软件有MS Office系列软件（Word、Excel和PowerPoint三大组件）和国产WPS Office办公系列软件。本章将着重介绍文档处理软件的使用。

5.1 MS Office系列软件的使用

MS Office系列软件是办公人员常用的文档处理软件，尤其是Word、Excel、PowerPoint这三个组件。本节将对这三个组件的操作进行简单介绍。

5.1.1 Word应用实例

Word组件主要负责处理文字类文档。除了常规录入文字内容外，Word还可以对文档内容进行美化和排版操作。下面以制作说明性文档为例，来介绍Word的基本使用。

（1）设置文档基本格式

启动Word组件后，单击“空白文档”按钮，新建一份空白文档，在此输入所需要的文档内容，如图5-1所示。

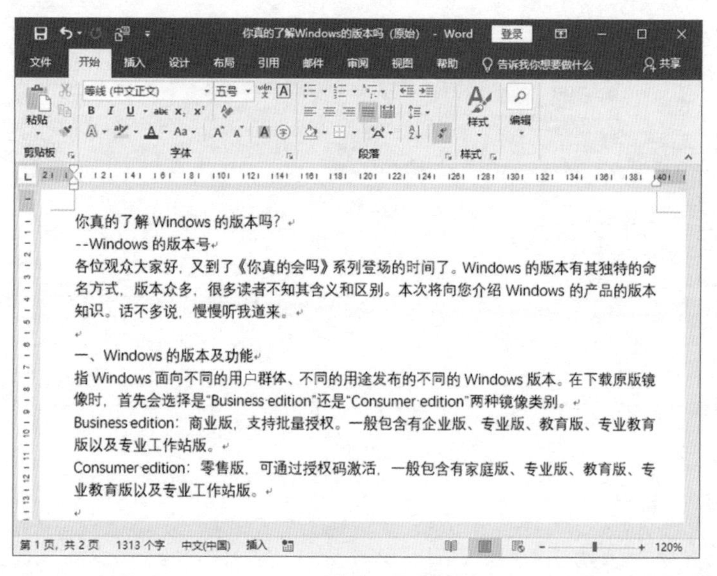

图5-1

按Ctrl+A组合键全选文档内容，在“开始”选项卡的“字体”选项组中对文档的字体、字号进行设置；然后将文档标题加粗、设置字体和字号，并按Ctrl+E组合键将其居中显示，如图5-2所示；选中文档副标题，设置好字体和字号，按Ctrl+R组合键将其右对齐，并加粗显示，如图5-3所示。

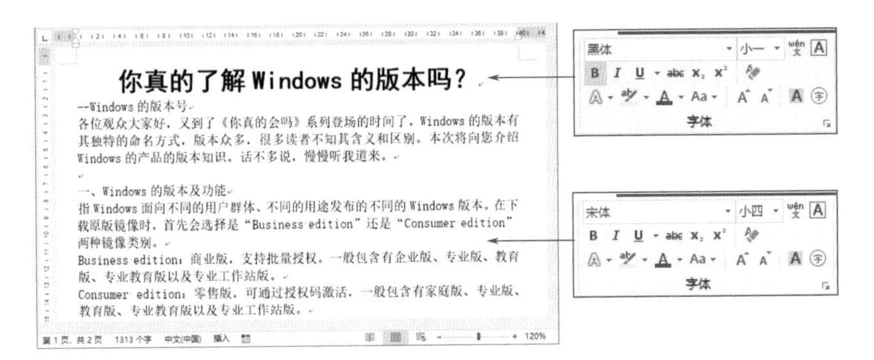

图5-2

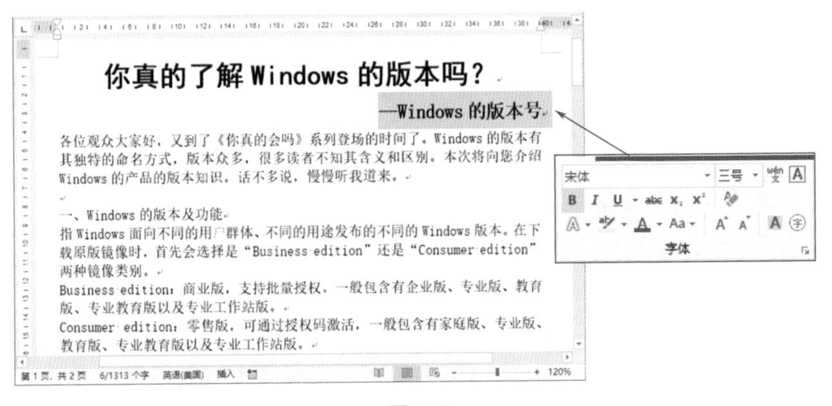

图5-3

知识链接：

将光标放置在文档左侧空白处，单击一次，可快速选中光标所在行的文本；单击两次，可选中当前段落内容；单击三次，可选中全文内容。如图5-4所示为选中当前段落内容。

选择正文内容，在“段落”选项卡中单击右下角“⌟”按钮，打开“段落”对话框，在此设置好文档的段前和段后间距值、行距以及首行缩进值，如图5-5所示。

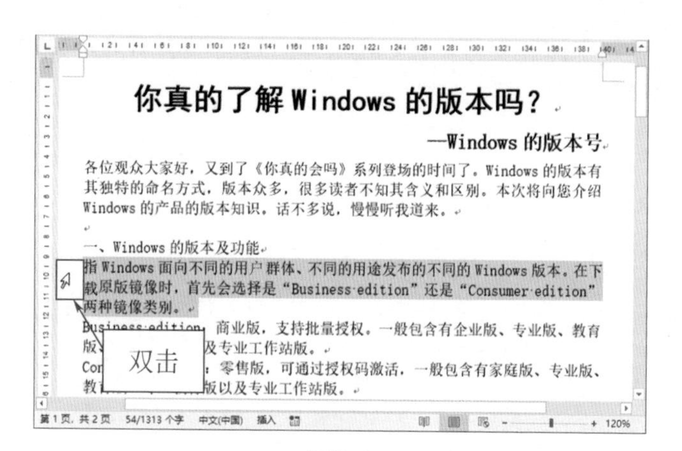

图5-4

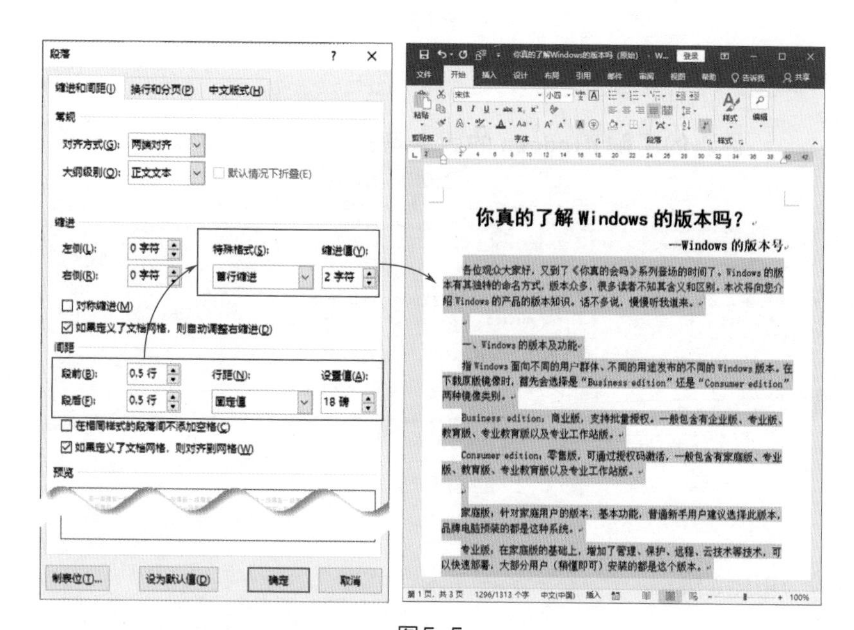

图5-5

将光标放置于副标题末尾处，再次打开“段落”对话框，将其“段后”值设为1行，调整副标题与正文之间的距离。选中“一、Windows的版本及功能”小标题内容，将其设为加粗显示。保持该小标题为选中状态，双击“格式刷”按钮，将其标题格式复制到其他小标题中，如图5-6所示。

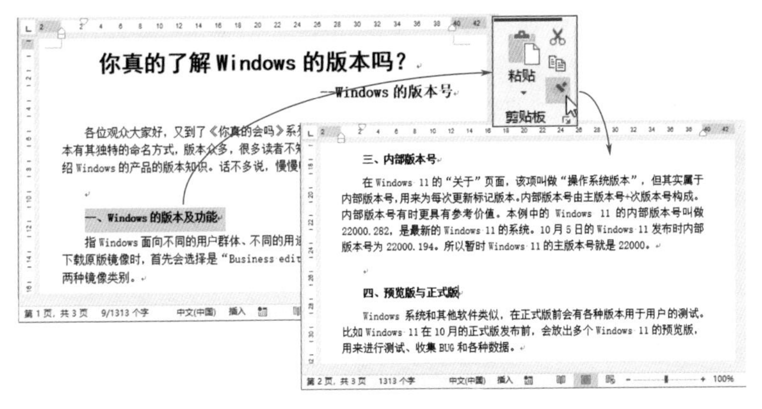

图5-6

注意事项：

单击“格式刷”按钮，可以使用一次，如果要多次使用，需双击该按钮，按Esc键可退出操作。

选中所需文档内容，为它添加相应的编号或项目符号。然后将添加编号或项目符号的标题内容加粗显示，如图5-7所示。

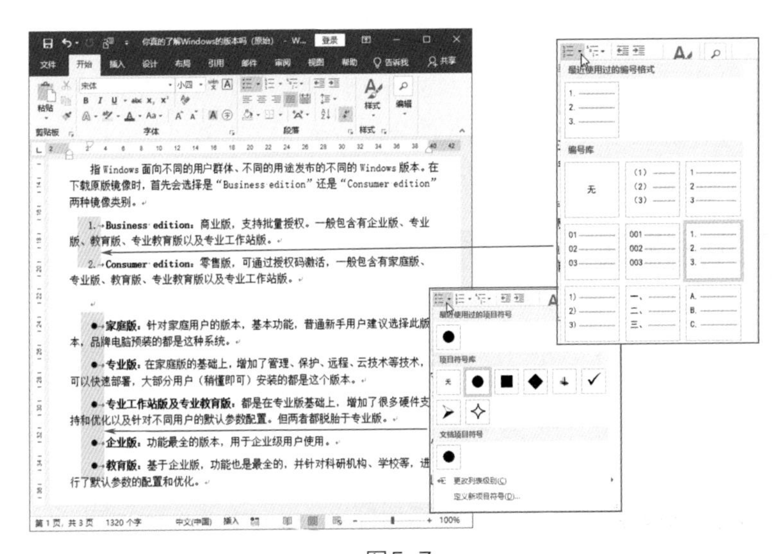

图5-7

(2)快速清除多余空行

当前文档中出现了不少空行，这样会使文档显得很碎、不整体，一个一个删除又很麻烦。遇到这样的问题，可使用替换功能一次性解决。

将光标放置在文档任意位置，按Ctrl+H组合键打开“查找和替换”对话框，在“查找内容”文本框中设置两个段落标记（^p^p），在“替换为”文本框中设置一个段落标记（^p），单击“全部替换”按钮即可，如图5-8所示。

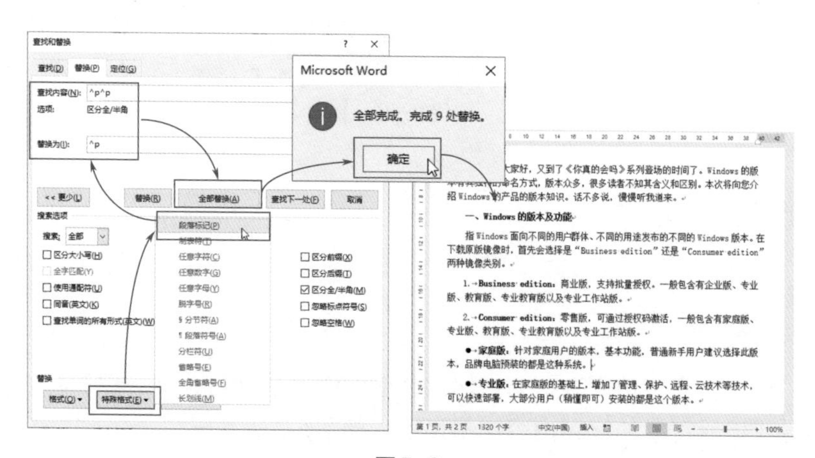

图5-8

(3)插入图片和表格

将光标定位至文档所需插入图片的位置，将所需图片直接拖至光标处即可插入图片，如图5-9所示。

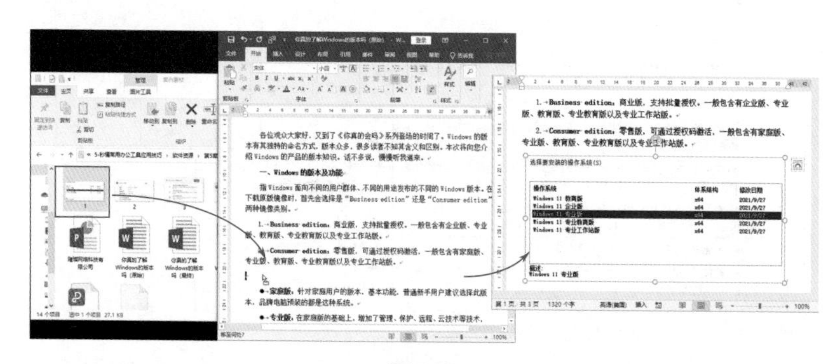

图5-9

知识链接：

如果插入图片后存在图片显示不全的情况，此时只需选中该图片，打开“段落”对话框，将其“行距”值设为“单倍行距”即可。

按照同样的方法，将其他图片分别插入文档中。选中图片，在“格式”选项卡中可以对图片的色调、亮度和对比度、艺术效果、图片样式等进行设置，如图5-10所示。

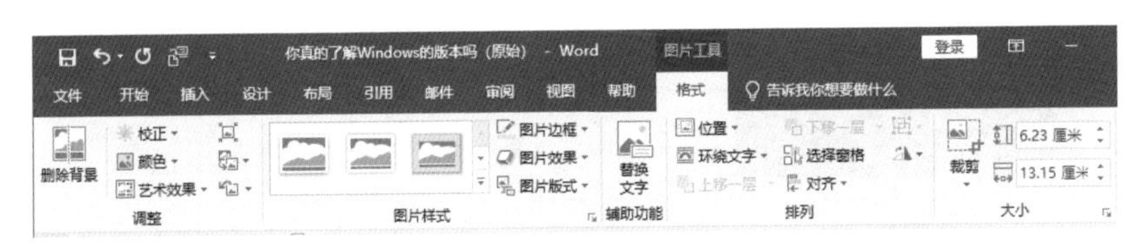

图5-10

将光标定位于文档所需插入表格的位置，单击“插入”→“表格”按钮，创建一个5行×5列的表格，并在表格中输入文字内容，如图5-11所示。

而不同的版本号也直接决定了该版本的系统和微软所支持的时间。

Version	上市	最后修订	服务终止：家庭版、教育版、专业教育版、专业工作站版	服务终止：企业版、教育版
21H1	2021-05-18	2021-09-01	2022-12-13	2022-12-13
20H2	2020-10-20	2021-09-01	2022-05-10	2023-05-09
2004	2020-05-27	2021-09-01	2021-12-14	2021-12-14
1909	2019-11-12	2021-08-26	服务终止	2022-05-10

图5-11

全选表格，在“表格工具”→“设计”选项卡中选择一款表格样式，可快速美化表格，如图5-12所示。

将光标定位于表格分割线上，拖动分割线至合适位置，可调整表格的列宽。全选表格后，在“表格工具”→“布局”选项卡的“对齐方式”选项组中，将表格中的文字设为中部两端对齐，如图5-13所示。

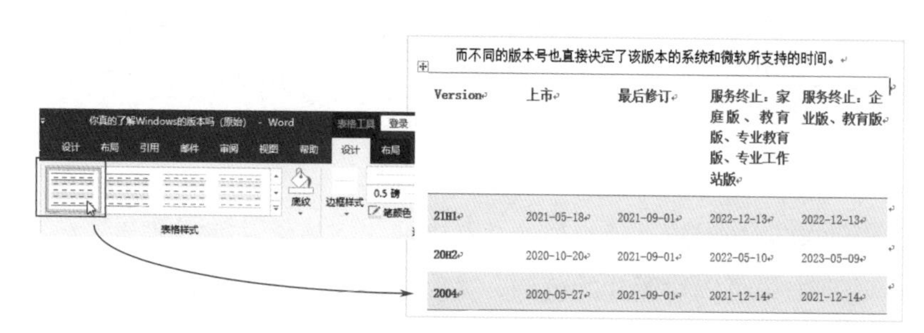

图5-12

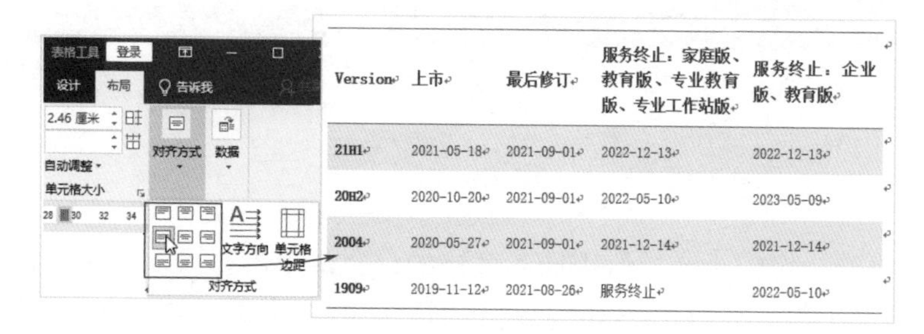

图5-13

（4）添加页眉和页码

双击文档页眉处，可进入页眉编辑状态，在光标处输入页眉内容。在“页眉和页脚”→“设计”选项卡中选择“页码”→“页面底端”选项，并选择一款页码样式，即可为当前文档添加页码，如图5-14所示。

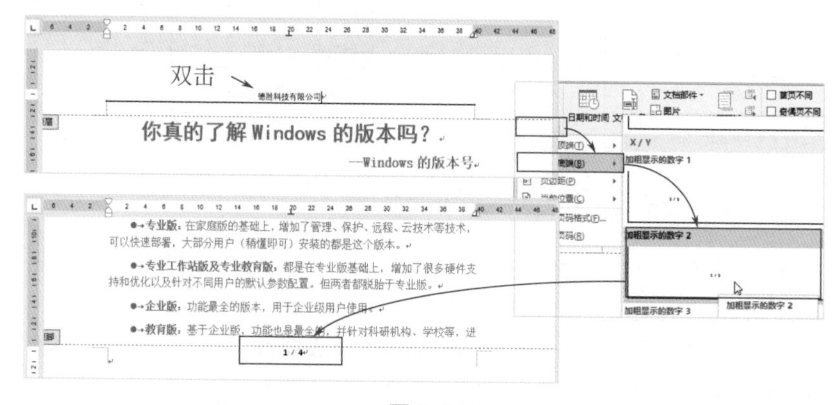

图5-14

（5）打印文档

文档编辑完成后，用户可将其保存并打印出来。选择“文件”→“打印”选项，打开“打印”界面，设置好打印份数、纸张大小、打印页码等参数，单击“打印”按钮即可进行打印操作，如图5-15所示。

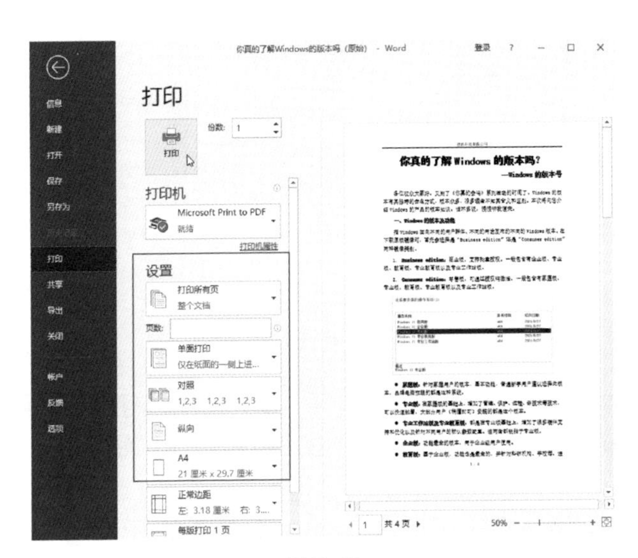

图5-15

知识链接：

如需将Word文档转换为PDF格式，只需打开“另存为”对话框，将“文件类型”设为“PDF”选项，单击“保存”按钮即可。

5.1.2 Excel应用实例

Excel组件专门用于处理数据表格，在数据分析、数据管理、数据运算等方面有着十分强大的功能。下面将以制作员工工资表为例来介绍Excel组件的基本操作。

（1）快速并准确录入数据

启动Excel组件，新建一张空白工作表，在表格内输入基本内容，如图5-16所示。

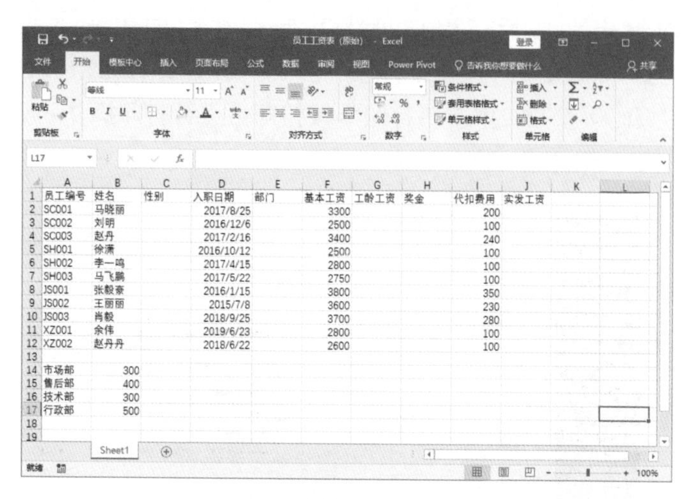

图5-16

按住Ctrl键选中C列多个单元格，并在公式编辑栏中输入“女”，按Ctrl+Enter组合键后，被选中的单元格均会显示输入的内容，如图5-17所示。

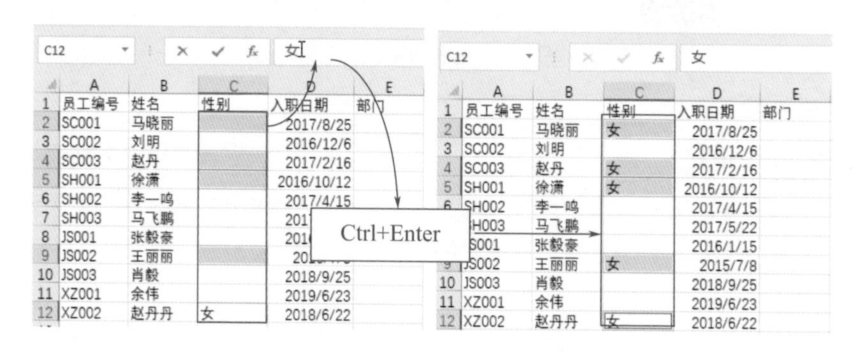

图5-17

按照同样的方法，将C列剩余单元格都录入“男”。选中E2:E12单元格区域，单击“数据”→“数据验证”按钮，打开“数据验证”对话框，将“允许”设为“序列”，并在“来源”中输入部门名称，单击“确定”按钮。单击E2单元格下拉按钮，选择部门名称即可输入。按照此方法，输入E列其他单元格内容，如图5-18所示。

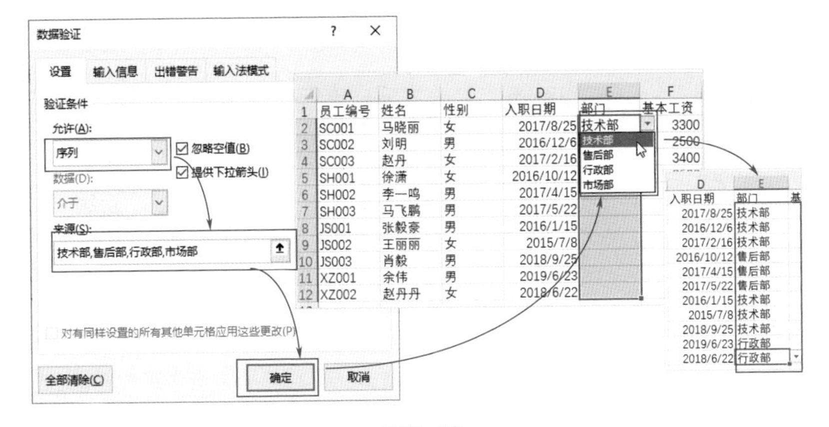

图5–18

注意事项:

"来源"中输入的部门之间，需要用英文状态下的逗号进行分隔。

选中F2：F12单元格区域，按Ctrl+1组合键打开"设置单元格格式"对话框，选择"货币"选项，为其数值添加"¥"符号，并将"小数位数"设为0，如图5-19所示。按照此方法，将G2:J12单元格区域中的数值也添加相应的货币符号，如图5-20所示。

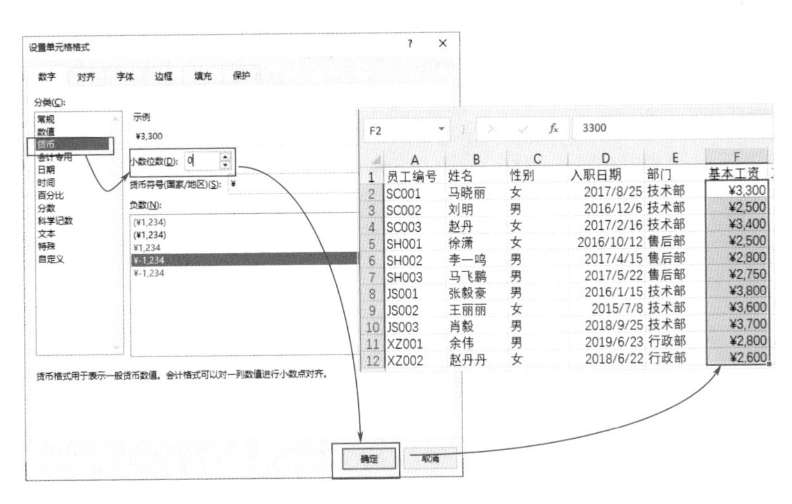

图5–19

	A	B	C	D	E	F	G	H	I	J
1	员工编号	姓名	性别	入职日期	部门	基本工资	工龄工资	奖金	代扣费用	实发工资
2	SC001	马晓丽	女	2017/8/25	技术部	¥3,300			¥200	
3	SC002	刘明	男	2016/12/6	技术部	¥2,500			¥100	
4	SC003	赵丹	女	2017/2/16	技术部	¥3,400			¥240	
5	SH001	徐潇	女	2016/10/12	售后部	¥2,500			¥100	
6	SH002	李一鸣	男	2017/4/15	售后部	¥2,800			¥100	
7	SH003	马飞鹏	男	2017/5/22	售后部	¥2,750			¥100	
8	JS001	张毅豪	男	2016/1/15	技术部	¥3,800			¥350	
9	JS002	王丽丽	女	2015/7/8	技术部	¥3,600			¥230	
10	JS003	肖毅	男	2018/9/25	技术部	¥3,700			¥280	
11	XZ001	余伟	男	2019/6/23	行政部	¥2,800			¥100	
12	XZ002	赵丹丹	女	2018/6/22	行政部	¥2,600			¥100	

图5-20

（2）快速美化表格

表格基本内容创建好后，用户可对该表格进行适当的美化，提高表格的可读性。

全选表格，按Ctrl+1组合键，在打开的“设置单元格格式”对话框中设置好对齐方式以及边框样式，如图5-21所示。

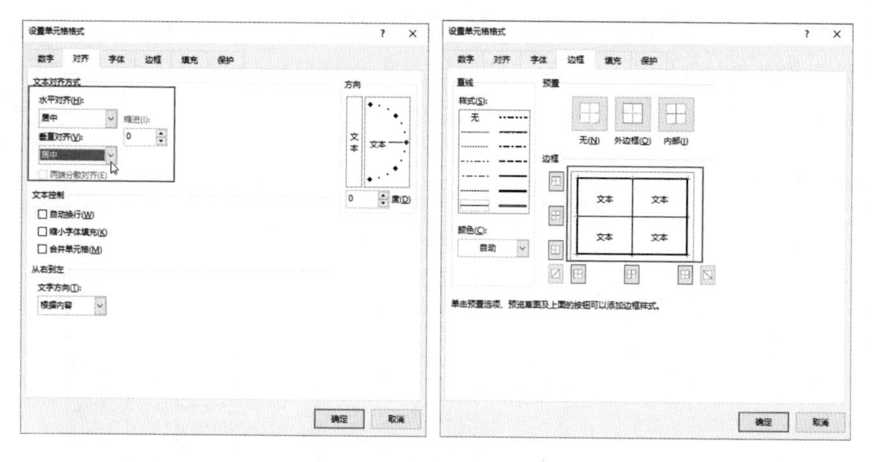

图5-21

选中表头，将其字体加粗。选中第1行至第12行，右击表格选择“行高”选项，将“行高”设为“20”，调整好表格的行高，如图5-22所示。

图5-22

选中表头内容，打开“设置单元格格式”对话框，在“填充”选项卡中选择一款颜色，为表头添加底色，如图5-23所示。

员工编号	姓名	性别	入职日期	部门	基本工资	工龄工资	奖金	代扣费用	实发工资
SC001	马晓丽	女	2017/8/25	技术部	¥3,300				
SC002	刘明	男	2016/12/6	技术部	¥2,500				
SC003	赵丹	女	2017/2/16	技术部	¥3,400				
SH001	徐潇	女	2016/10/12	售后部	¥2,500				
SH002	李一鸣	男	2017/4/15	售后部	¥2,800				
SH003	马飞鹏	男	2017/5/22	售后部	¥2,750				
JS001	张毅豪	男	2016/1/15	技术部	¥3,800				
JS002	王丽丽	女	2015/7/8	技术部	¥3,600				
JS003	肖毅	男	2018/9/25	技术部	¥3,700				
XZ001	余伟	男	2019/6/23	行政部	¥2,800				
XZ002	赵丹丹	女	2018/6/22	行政部	¥2,600				

图5-23

（3）用公式或函数计算数据

将光标定位到G2单元格，在公式栏中输入公式“=DATEDIF（D2，TODAY（），"Y"）*100”，按Enter键，可计算出该员工的工龄工资（以2022年为准），如图5-24所示。

选中G2单元格右下角的填充柄，将其向下拖动到G12单元格，完成其他员工工龄工资的计算，如图5-25所示。

G2 =DATEDIF(D2,TODAY(),"Y")*100

	A	B	C	D	E	F	G	H	I	J
1	员工编号	姓名	性别	入职日期	部门	基本工资	工龄工资	奖金	代扣费用	实发工资
2	SC001	马晓丽	女	2017/8/25	技术部	¥3,300	100		¥200	
3	SC002	刘明	男	2016/12/6	技术部	¥2,500			¥100	
4	SC003	赵丹	女							
5	SH001	徐潇	女							
6	SH002	李一鸣	男							
7	SH003	马飞鹏	男							
8	JS001	张毅豪	男	2016/1/15	技术部	¥3,800			¥350	
9	JS002	王丽丽	女	2015/7/8	技术部	¥3,600			¥230	
10	JS003	肖毅	男	2018/9/25	技术部	¥3,700			¥280	
11	XZ001	余伟	男	2019/6/23	行政部	¥2,800			¥100	
12	XZ002	赵丹丹	女	2018/6/22	行政部	¥2,600			¥100	

	A	B	C	D	E	F	G	H	I	J
1	员工编号	姓名	性别	入职日期	部门	基本工资	工龄工资	奖金	代扣费用	实发工资
2	SC001	马晓丽	女	2017/8/25	技术部	¥3,300	¥500		¥200	
3	SC002	刘明	男	2016/12/6	技术部	¥2,500			¥100	

图5-24

	A	B	C	D	E	F	G	H	I	J
1	员工编号	姓名	性别	入职日期	部门	基本工资	工龄工资	奖金	代扣费用	实发工资
2	SC001	马晓丽	女	2017/8/25	技术部	¥3,300	¥500		¥200	
3	SC002	刘明	男	2016/12/6	技术部	¥2,500	¥500		¥100	
4	SC003	赵丹	女	2017/2/16	技术部	¥3,400	¥500		¥240	
5	SH001	徐潇	女	2016/10/12	售后部	¥2,500	¥500		¥100	
6	SH002	李一鸣	男	2017/4/15	售后部	¥2,800	¥500		¥100	
7	SH003	马飞鹏	男	2017/5/22	售后部	¥2,750	¥500		¥100	
8	JS001	张毅豪	男	2016/1/15	技术部	¥3,800	¥600		¥350	
9	JS002	王丽丽	女	2015/7/8	技术部	¥3,600	¥700		¥230	
10	JS003	肖毅	男	2018/9/25	技术部	¥3,700	¥300		¥280	
11	XZ001	余伟	男	2019/6/23	行政部	¥2,800	¥300		¥100	
12	XZ002	赵丹丹	女	2018/6/22	行政部	¥2,600	¥400		¥100	
13										

图5-25

知识链接：

DATEDIF函数是返回两个日期之间的差，其中“D2”是入职日期，TODAY()函数返回当前日期，计算这两者的差值后，取“Y”，也就是年。每增加一年，工龄工资加100，即可计算出每个人的工龄工资。

选中H2单元格，单击“公式”→“插入函数”按钮，在打开的“插入函数”对话框中，选择“VLOOKUP”函数，设置好函数中的各参数值，单击“确定”按钮。在公式编辑栏中选中“A14:B17”参数，按F4键，将相对引用切换至绝对引用，如图5-26所示。

选中H2单元格的填充柄，将其向下拖拽至H12单元格，完成其他员工奖金数的计算。选择J2单元格，输入公式“=F2+G2+H2–I2”，按Enter键，计算出该员工的实发工资，然后使用拖拽填充柄的方法计算出其他员工的实发工资，如图5-27所示。

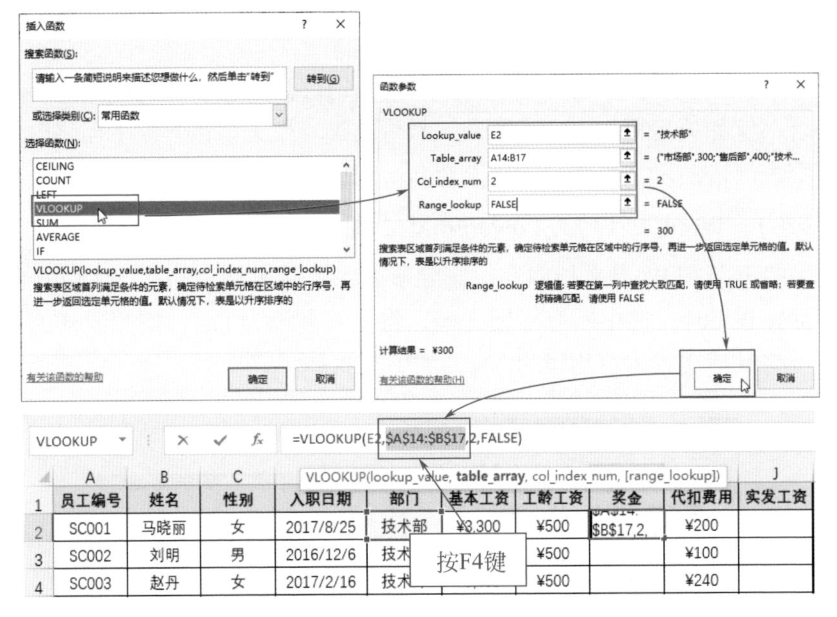

图5-26

知识链接：

VLOOKUP函数是查询函数。该函数语句的含义是在A14:B17单元格区域中，查找包含E2单元格中的数据的行，找到后会返回该行的第2列数据值。其中FALSE表示精确查找。此外，Excel的引用有绝对引用和相对引用两种：相对引用时，系统会自动调整该列每个单元格的参数；而绝对引用，会带上“$”符号，这样参数无论在何处引用，其引用的单元格不变。

J2 =F2+G2+H2-I2

员工编号	姓名	性别	入职日期	部门	基本工资	工龄工资	奖金	代扣费用	实发工资
SC001	马晓丽	女	2017/8/25	技术部	¥3,300	¥500	¥300	¥200	¥3,900
SC002	刘明	男	2016/12/6	技术部	¥2,500	¥500	¥300	¥100	¥3,200
SC003	赵丹	女	2017/2/16	技术部	¥3,400	¥500	¥300	¥240	¥3,960
SH001	徐潇	女	2016/10/12	售后部	¥2,500	¥500	¥400	¥100	¥3,300
SH002	李一鸣	男	2017/4/15	售后部	¥2,800	¥500	¥400	¥100	¥3,600
SH003	马飞鹏	男	2017/5/22	售后部	¥2,750	¥500	¥400	¥100	¥3,550
JS001	张毅豪	男	2016/1/15	技术部	¥3,800	¥600	¥300	¥350	¥4,350
JS002	王丽丽	女	2015/7/8	技术部	¥3,600	¥700	¥300	¥230	¥4,370
JS003	肖毅	男	2018/9/25	技术部	¥3,700	¥300	¥300	¥280	¥4,020
XZ001	余伟	男	2019/6/23	行政部	¥2,800	¥300	¥500	¥100	¥3,500
XZ002	赵丹丹	女	2018/6/22	行政部	¥2,600	¥400	¥500	¥100	¥3,400

图5-27

5.1.3 PowerPoint应用实例

PowerPoint组件主要用来制作并放映幻灯片，它被广泛应用到各种场合，例如项目报告、产品推介、教育培训、个人演讲等。下面将以制作个人演讲演示文稿为例，来介绍PowerPoint组件的基本操作。

（1）Word文档转为PowerPoint文稿

打开所需Word文档内容，删除所有图片及表格。切换到大纲视图界面，按Ctrl键选中所有标题内容，将其级别设为1级，按照同样的方法，将其他文本内容均设为2级，如图5-28所示。

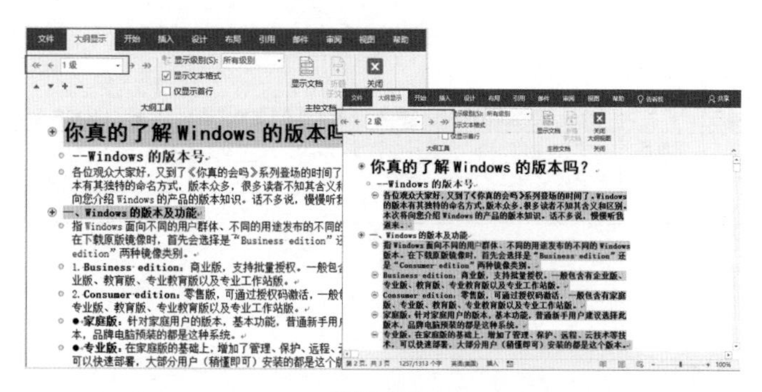

图5-28

关闭大纲视图，返回到普通视图。取消所有正文内容的加粗设置。单击“快速访问工具栏”中的“发送到Microsoft PowerPoint”按钮，系统会启动PowerPoint组件。此时，Word内容已转换为PowerPoint文稿了，如图5-29所示。

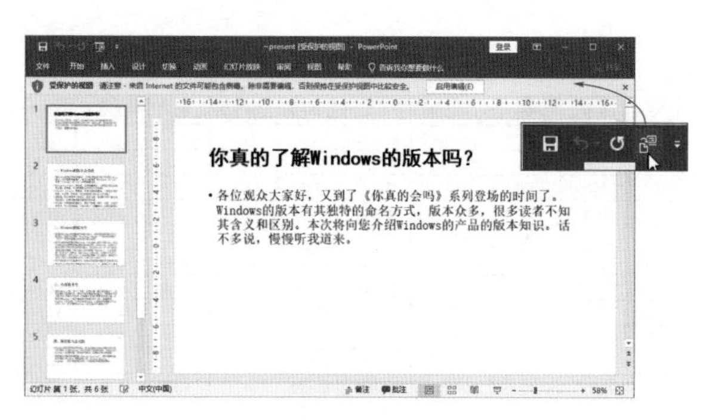

图5-29

知识链接：

一般情况下“发送到Microsoft PowerPoint”按钮是被隐藏的，用户需要手动将其调出。打开“Word选项”对话框，选择“快速访问工具栏”选项，并按照图5-30所示的方法进行添加。

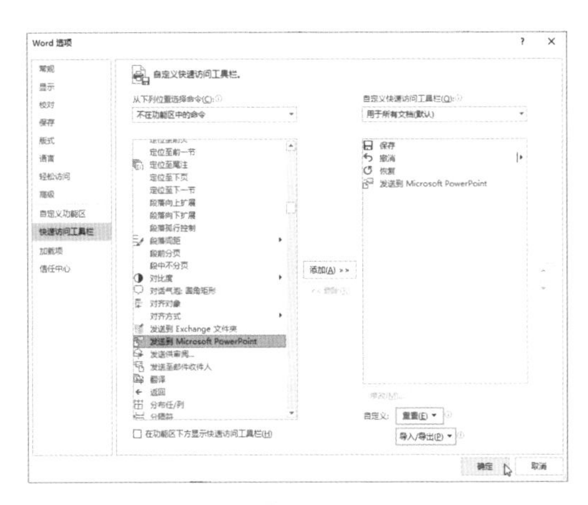

图5-30

在PowerPoint组件中单击“启用编辑”按钮，进入正常编辑视图状态，可适当删减内容，调整好大致的结构框架。在“设计”选项卡的“主题”选项组中选择一款主题样式，即可快速美化当前文稿，如图5-31所示。

图5-31

选中首张幻灯片，单击“开始”→“版式”按钮，在打开的列表中选择“标题幻灯片”选项，更改这张幻灯片的版式。适当调整标题内容及格式，使整体页面看上去美观，如图5-32所示。

图5-32

知识链接：

套用主题模板时，其文本框是用文本占位符显示的。这种情况下文字会随着占位符的大小而改变，这样也就给文字排版带来了麻烦。要解决这个问题，可单击占位符左下角按钮，在列表中选择“停止根据此占位符调整文本”选项，如图5-33所示。

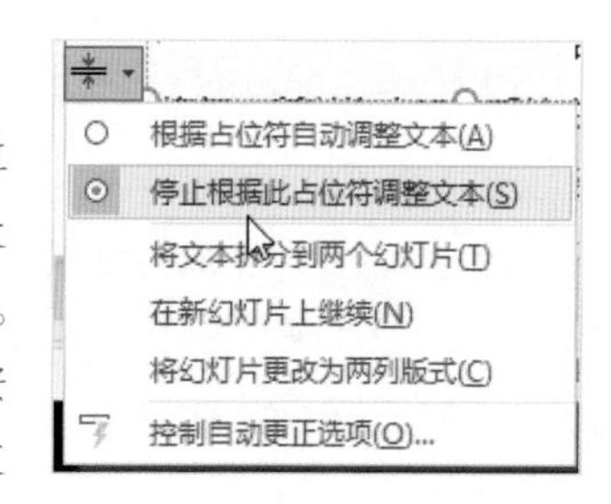

图5-33

将Word文档中的图片和表格复制到幻灯片相应的位置，并调整好页面，如图5-34所示。图片和表格的美化方式与Word相似，在此就不再介绍了。

Version	上市	最后修订	服务终止：家庭版、教育版、专业教育版、专业工作站版	服务终止：企业版、教育版
21H1	2021-05-18	2021-09-01	2022-12-13	2022-12-13
20H2	2020-10-20	2021-09-01	2022-05-10	2023-05-09
2004	2020-05-27	2021-09-01	2021-12-14	2021-12-14
1909	2019-11-12	2021-08-26	服务终止	2022-05-10

图5-34

复制首张幻灯片至结尾处，并调整好结尾文字内容。至此，个人演讲演示文稿制作完毕。

（2）为文稿添加动画效果

在演讲演示文稿中适当添加一些动画，可丰富文稿内容。当然，不需要每页都加动画效果，只需对重点内容设置即可，否则动画太多，会打断观众的思路，起到反作用。

选择首张幻灯片，选中主标题内容，在“动画”选项卡中选择“飞入”，此时被选中的标题已经应用了该动画效果，如图5-35所示。

图5-35

单击“效果选项”→“自右侧”按钮，可调整动画进入的方向。单击“动画”选项组右侧 按钮，在打开的对话框中，可以对当前动画效果的一些参数值进行设置，这里将“动画文本”设为“按字母顺序”。设置好后，可以查看调整后的动画效果，如图5-36所示。

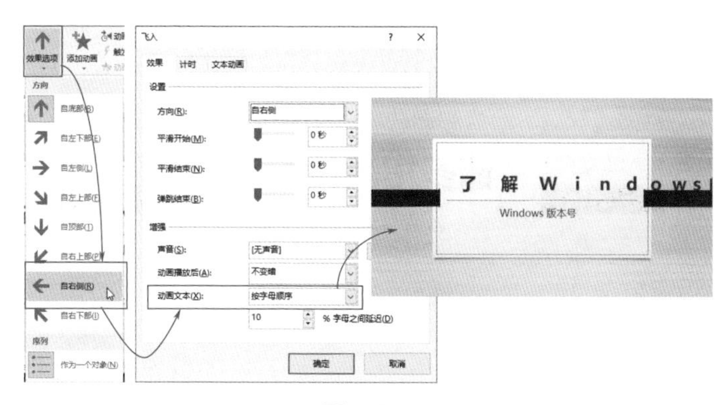

图5-36

选择主标题动画，单击“动画刷”按钮，将该动画复制到副标题中。单击“动画窗格”按钮，打开该窗格。同时选中这两组动画，右击选择“从上一项开始”选项，将这两组动画的开始方式设为同时开始，如图5-37所示。将首张幻灯片的动画使用“动画刷”功能复制到结尾幻灯片中，如图5-38所示。

图5-37

知识链接：

添加动画后，默认的开始方式是单击一次鼠标，播放一组动画。如果想实现自动播放，则需调整动画的开始方式，在“动画”选项卡的“计时”选项组中调整“开始”方式即可。

图5-38

选中首张幻灯片，在“切换”选项卡中选择一款切换效果，可为幻灯片添加切换动画，单击“应用到全部”按钮，可将该切换动画应用到所有幻灯片中，如图5-39所示。

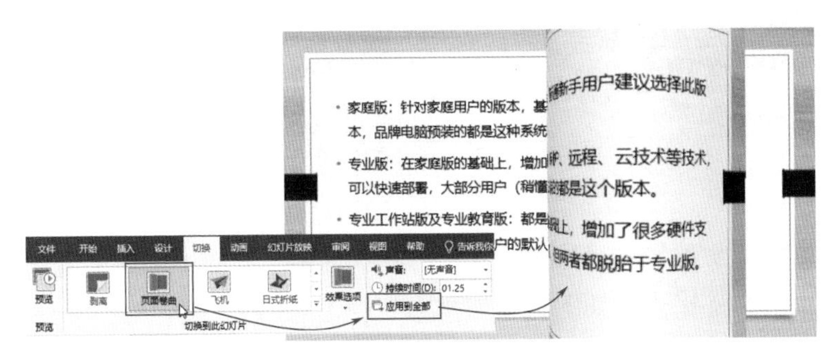

图5-39

（3）放映并输出演示文稿

演示文稿制作完成后，按F5键可按照幻灯片的前后顺序依次放映。如果只想放映某几张幻灯片，可使用“自定义放映”功能来操作。

在“幻灯片放映”选项卡中单击“自定义幻灯片放映”→“自定义放映”按钮，打开“自定义放映”对话框，单击“新建”按钮，在“定义自定义放映”对话框中设置“幻灯片放映名称”，并在左侧列表中选择要放映的幻灯片编号，将其添加至右侧列表中，单击“确定”按钮，如图5-40所示。

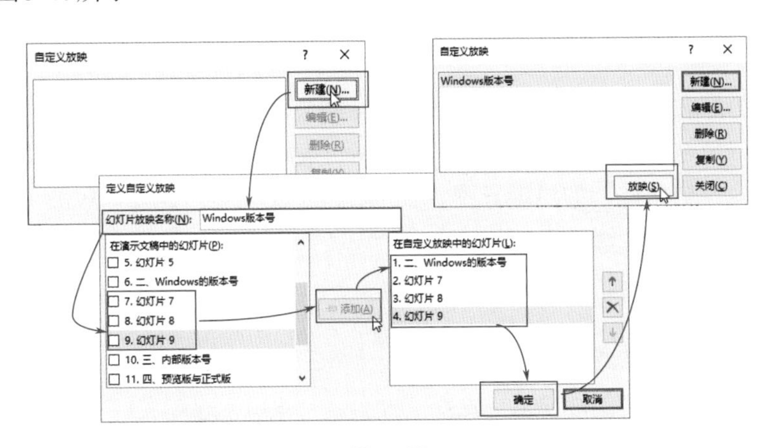

图5-40

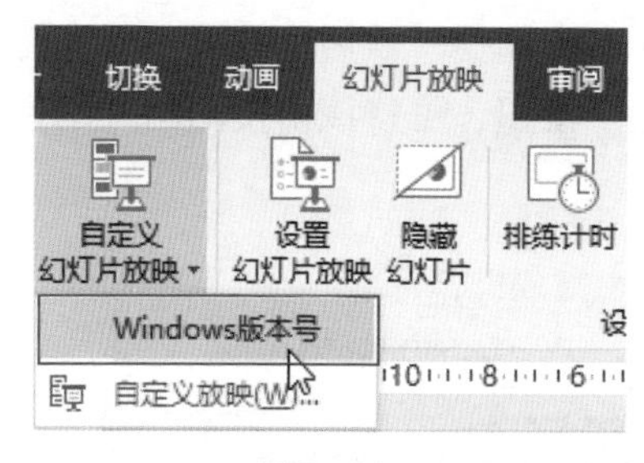

图5-41

当下次调用自定义放映内容时，在“自定义幻灯片放映”列表中选择所需的放映名称即可，如图5-41所示。

在PowerPoint中，用户可将制作好的演示文稿转换成其他文件格式，如图片、PDF、视频等，以方便在没有安装MS Office软件的电脑中浏览。

选择“文件”→“导出”选项，在“导出”界面中，根据需要选择要导出的文件格式，如图5-42所示。

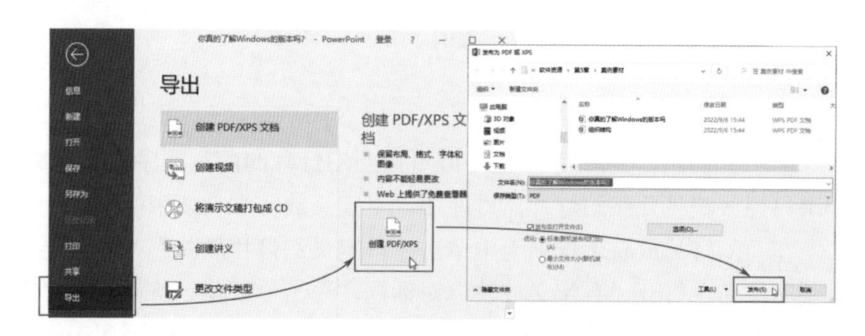

图5-42

5.2 WPS Office 的使用

国产文档处理软件中，WPS Office办公软件的使用范围广、口碑也很好。该软件除了制作Word文档、Excel表格和演示文稿外，还可以制作其他文档文件，如思维导图、表单、PDF文档等。此外，WPS Office自动同步记录文档内容，支持在多个设备共享文档，并实现了多人协作功能，操作起来非常方便。

5.2.1 制作思维导图

本节将利用WPS Office软件中的思维导图功能来制作一张简单的销售组织结构图。

启动WPS Office软件，单击“新建”→“思维导图”按钮，选择合适的模板将其下载并应用。单击主题以及各分支主题的文本框，在其中输入内容，如图5-43所示。

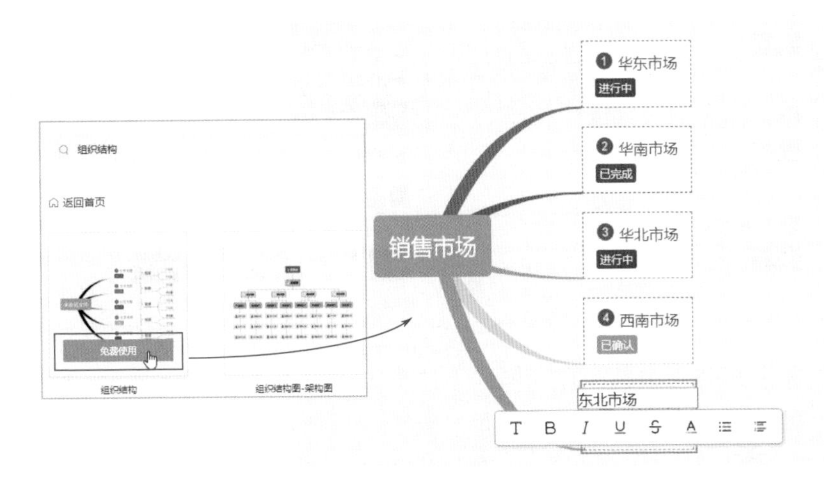

图5-43

右击所需分支主题，选择“插入同级主题”选项，可新增一个同级主题。通过拖拽主题可调整各主题的顺序、位置及编号，如图5-44所示。

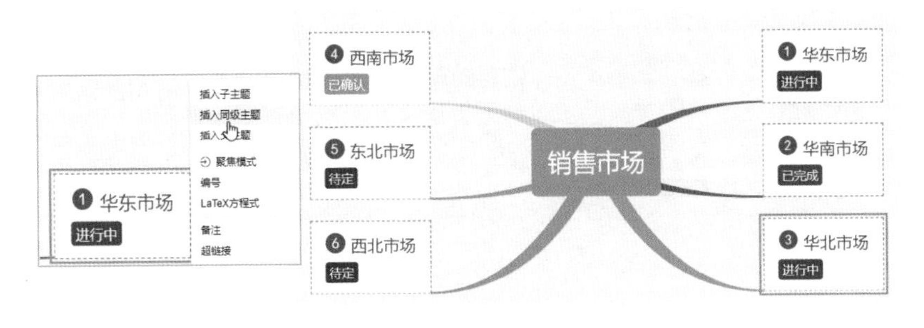

图5-44

选中“华东市场”分支主题，按Tab键创建下级节点，并输入该市场负责人的名字，如图5-45所示。按同样的方法完成其他市场负责人的登记。

单击主题中的标签，选择标签颜色并根据实际情况设置标签，如图5-46所示。按同样的方法完成其他标签的设置。

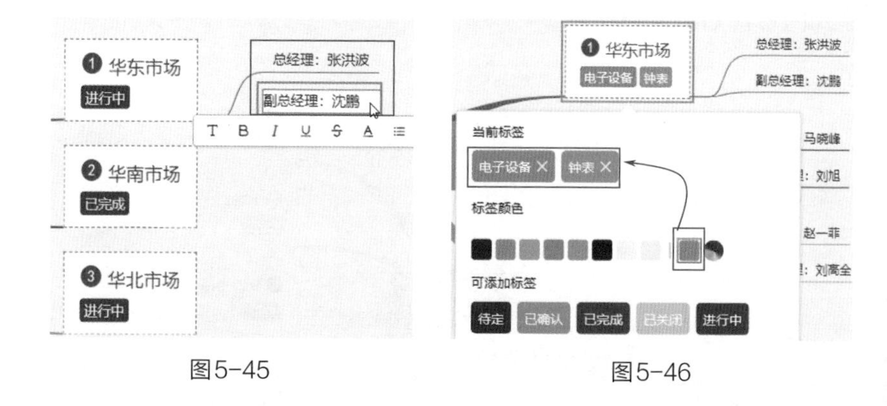

图5-45　　　　图5-46

选中某分支主题，在“样式”选项卡中单击“节点背景”下拉按钮，可设置其底色。单击“画布”按钮，为画布设置一种颜色作为背景。完成后，单击“导出”→“PDF”按钮，可将当前思维导图保存为PDF格式，如图5-47所示。

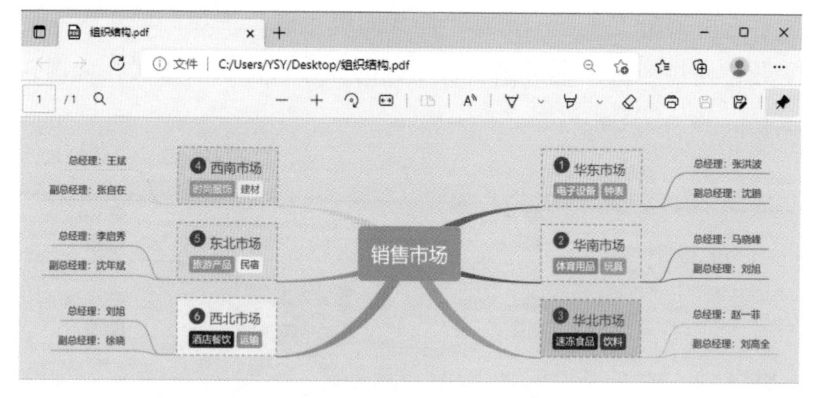

图5-47

5.2.2 制作海报

金山海报是WPS推出的办公组件，由创客贴提供创意设计支持。它拥有海量精美图片模板以及设计素材，用户可在线设计并制作海报。没有设计基础的人群也能轻松制作出令人满意的海报来。下面就以制作招聘海报为例，来介绍金山海报的基本操作。

启动WPS Office软件，在“新建”界面中选择“新建设计”选项，进入海报设计界面。在搜索栏中输入“招聘”关键字，搜索并下载满意的招聘海报，如图5-48所示。

图5-48

由于下载的成品海报是具有版权的，用户需在该模板基础上对其设计元素、图片、背景进行调整。选中的海报背景可按Delete键删除。在界面左侧“背景”素材中选择一张合适的背景图片并应用，如图5-49所示。

图5-49

删除海报中的人物剪影及圆形标签，并在左侧“素材”元素中选择一个合适的图标素材进行替换，调整好替换素材的颜色，如图5-50所示。

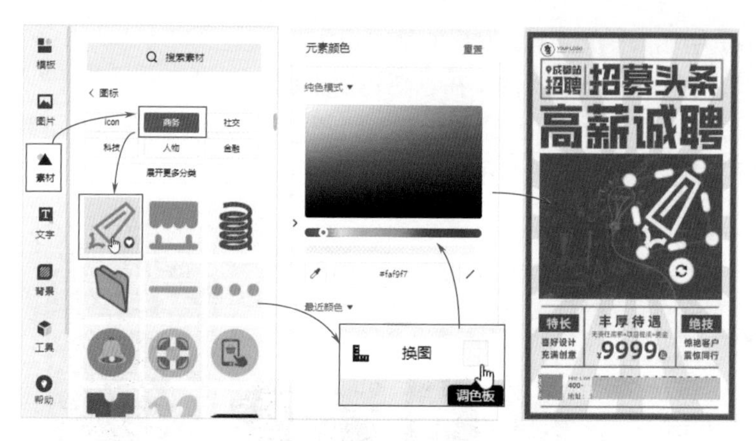

图5-50

按照同样的方法，加入其他图标素材，并调整好画面。在海报中选中要更改的文字，可对其进行修改，同时可对文字颜色进行更改。利用矩形工具绘制装饰线，结果如图5-51所示。

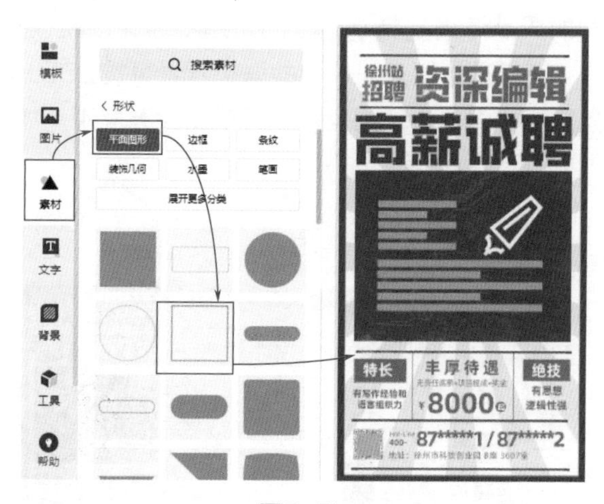

图5-51

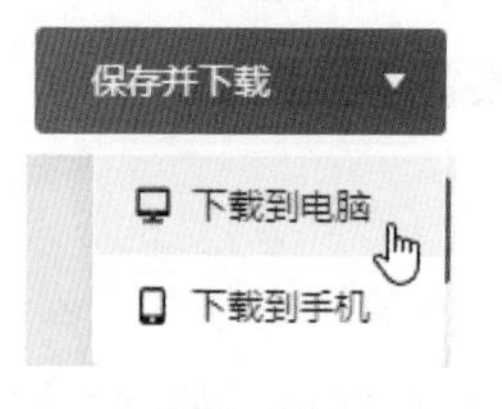

图5-52

完成制作后，单击界面左上角“保存并下载”下拉按钮，根据需要选择下载位置即可下载制作的海报，如图5-52所示。

注意事项:

使用金山海报制作的设计图，下载后会带有金山标识水印。

5.3 PDF文档的查看和编辑

PDF文档是一种非常流行的文档格式，各种文档都可转换成该格式，它可方便地用于展示、打印和分享。从Windows 10开始，Edge浏览器支持快速打开这种格式的文档。

5.3.1 使用福昕阅读器浏览PDF文档

福昕阅读器是一款小巧、功能丰富的PDF阅读器。与其他免费PDF阅读器相比，它拥有各种简单易用的功能，如添加注释、填写表格及为PDF文档添加文本等。

下载并安装该阅读器，选择PDF文档，双击可进入阅读模式。使用鼠标滚轮即可上下滚动文档内容。要使用其中的文字或图像，在“主页”选项卡中单击“选择”下拉按钮，选择“选择文本和图像”选项，使用鼠标拖拽的方法即可选中文档中的文本，如图5-53所示。

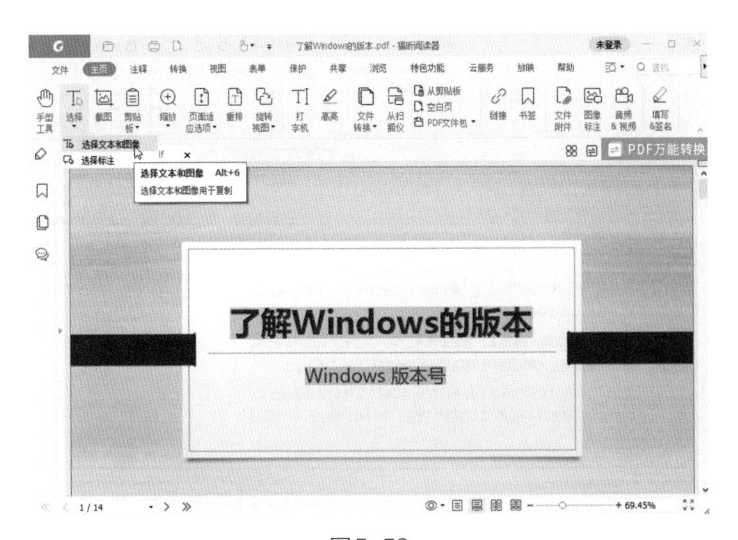

图5-53

通过创建书签，可以快速定位到上次阅读的位置或者特殊的文档位置。单击左侧的“书签”按钮，展开书签栏。单击“将当前视图保存为书签”按钮，输入书签名称后，完成书签的创建。单击该书签可快速定位至创建书签的内容，如图5-54所示。

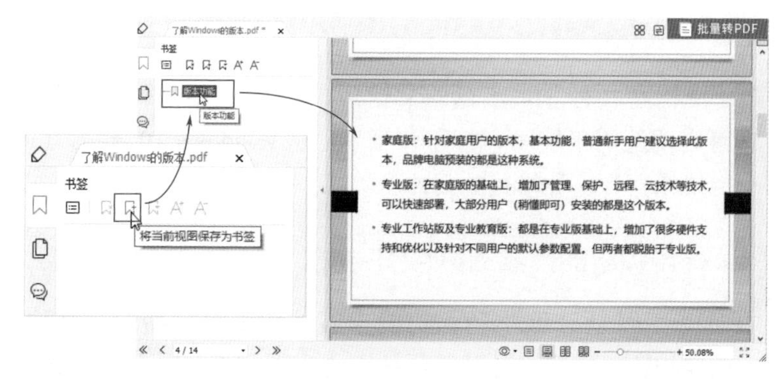

图5-54

除了添加书签外，还可以在文档中添加各种标注，包括“添加文字”和“高亮”显示文字。单击“高亮”按钮，选择所需文字后，该文字就会被突显出来，如图5-55所示。单击“打字机”按钮，可在文档中需要的位置添加文字注释。

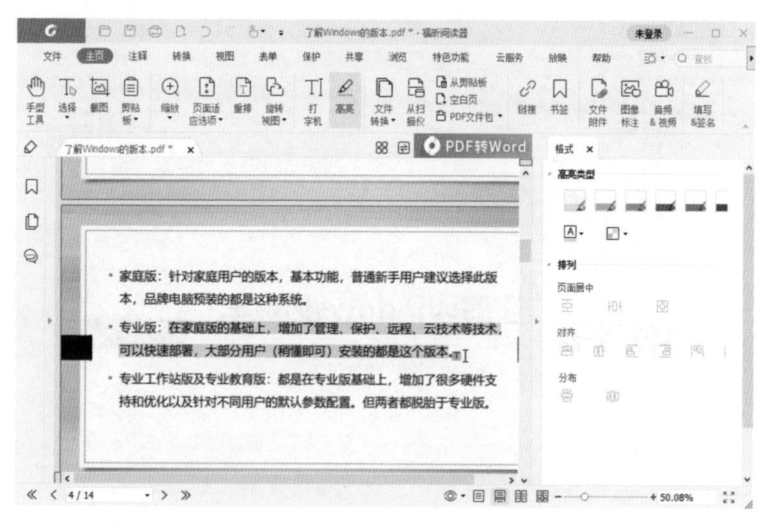

图5-55

在福昕阅读器中，还可以实现PDF文档的转换，如图5-56所示。

图5-56

5.3.2 使用迅捷PDF编辑器编辑文档

除了查看和浏览PDF文档外，迅捷PDF编辑器还可以编辑PDF文档。

在迅捷PDF编辑器中打开PDF文档，单击“编辑内容”按钮，如图5-57所示。

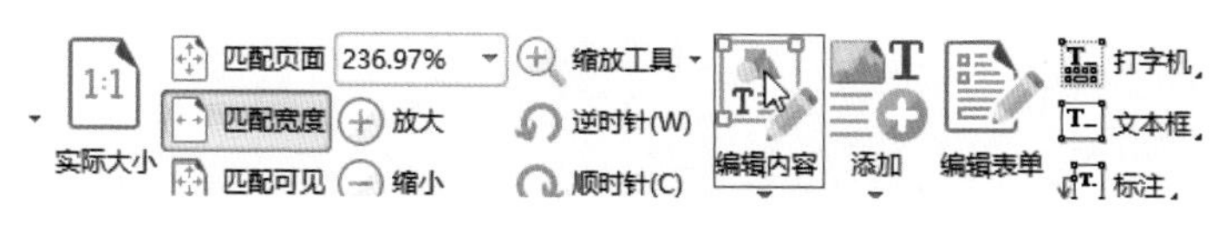

图5-57

此时文档变为可编辑状态，在需要编辑的位置，单击鼠标左键即可修改PDF文档中的文字，如图5-58所示。

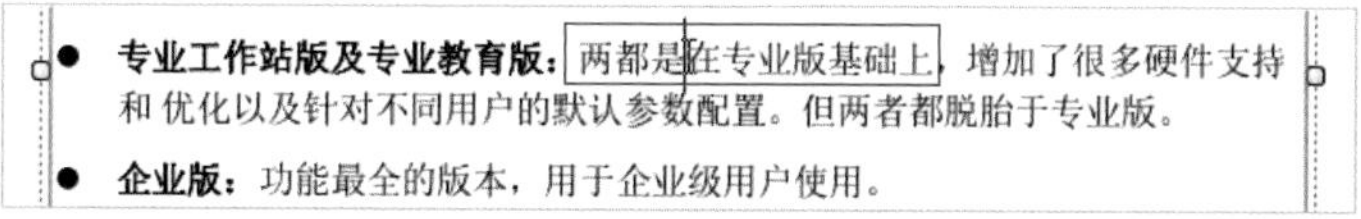

专业工作站版及专业教育版：两都是在专业版基础上，增加了很多硬件支持和优化以及针对不同用户的默认参数配置。但两者都脱胎于专业版。

企业版：功能最全的版本，用于企业级用户使用。

图5-58

除了编辑文档外，该软件还可在图片上添加各种标注和修改标注，如图5-59所示，基本上具有同类阅读器的所有功能。

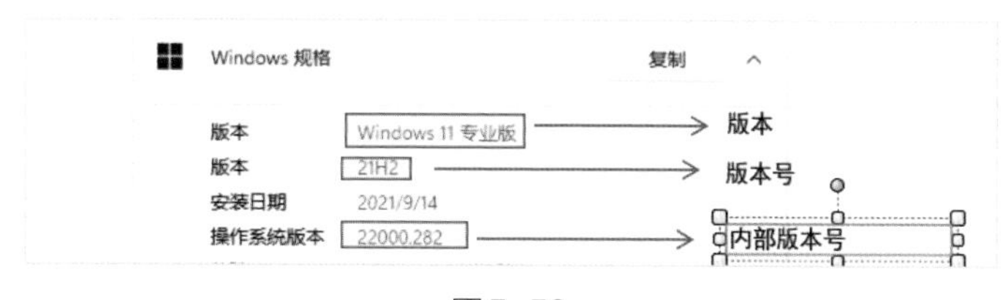

图5-59

如果要将PDF文档转换成Word文档，可使用迅捷PDF转换器来操作。下载并安装迅捷PDF转换器，启动后将PDF文档拖入到主界面中，单击“转换”按钮，启动转换，软件提示信息，确认后单击“开始转换”按钮即可，如图5-60所示。

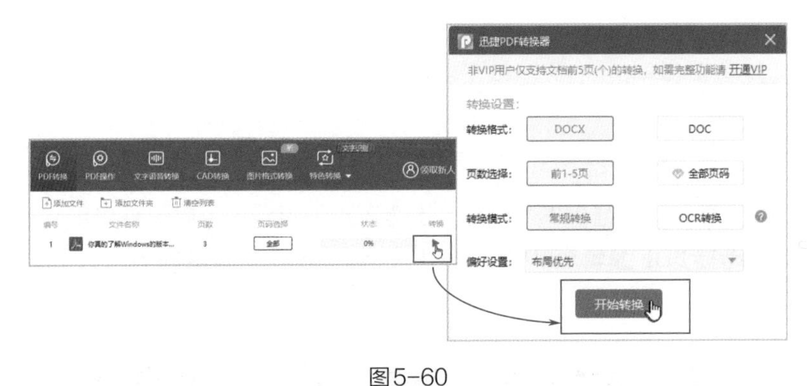

图5-60

5.4　其他常用文档处理软件

除了以上软件，实际办公中，还经常使用一些辅助文档处理软件，这些软件可以帮助用户提高工作效率。

5.4.1　翻译软件的使用

当遇到外文文档时，为了能够顺利阅读，则需对这些外文进行翻译。专业的翻译软件有很多，例如网易有道词典就是其中一款比较好用的软件。它可实时收录最新词汇，而且支持多语种快速翻译。

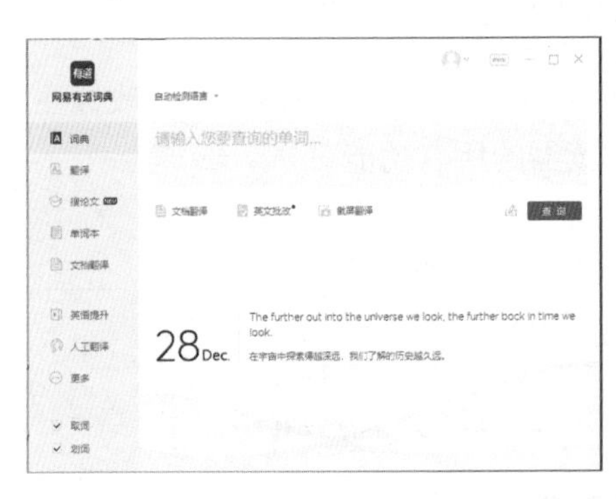

图5-61

下载并安装网易有道词典后，启动软件，在主界面中可以输入查询的内容，如图5-61所示。

一般使用比较多的功能是取词和划词搜索。将光标移动到所需翻译的文档后，就可查看翻译后的内容，这是“划词搜索”，如图5-62所示。

选取一段外文内容后，单击“搜索”按钮，系统会将被选中的内容进行翻译，这是“取词搜索”，如图5-63所示。

图5-62

图5-63

注意事项：

在使用这两种搜索时，网易有道词典不能关闭。如果遇到比较长的外文，可以复制到软件主界面中进行翻译。在设置中可以设置取词和划词的热键，设置后可以避免搜索功能影响用户的正常操作。

☆5.4.2 文档搜索工具的使用

利用Windows的搜索功能可以查找硬盘中的文件，但要查找文档中的内容，会有些麻烦。当遇到这类问题时，可使用FileLocator Pro这款小工具，它可以帮助用户快速高效地从众多文件夹中找到所要的文档内容，非常方便。

下载并安装该软件，启动后，在需要搜索的文件夹上单击鼠标右键，选择“FileLocator Pro...”选项，如图5-64所示。在弹出的主界面中，输入查找的内容，单击“开始”按钮，如图5-65所示。

待搜索完毕后，会显示出包含查找的文本的所在文档，如图5-66所示。双击左侧的文档，可以快速打开该文档。

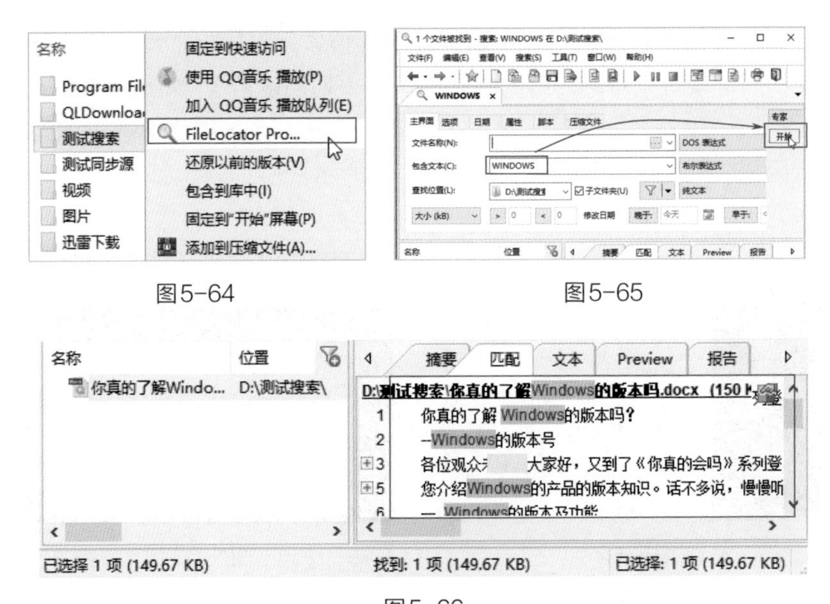

图5-64

图5-65

图5-66

知识链接：

该软件也支持按文件名搜索，可以在“文件名称”后输入文件名，然后启动搜索。

☆5.4.3　文档比较软件

在进行文档编辑时，经常需要对比两个文档，以确定有无修改的部分。这时，可以使用Beyond Compare这款小工具。

Beyond Compare是一款非常实用的文档及文件夹对比工具，不仅可以快速比较出两个文件夹的不同之处，还可以详细地比较出文档之间的差异，并将差异以颜色标示。程序内建立了文档浏览器，以方便对文档、文件夹、压缩包、FTP网站之间的差异进行对比以及同步资料。用户可以使用它管理程序源代码，同步文件夹，比较程序输出，以及验证光盘的复制。它还支持脚本处理、插件，尤其对中文支持得很好。

下载并安装后，启动软件，在主界面中单击“文本比较”按钮，将需要对比的两个文档分别拖入到界面左右文本框中，如图5-67所示。

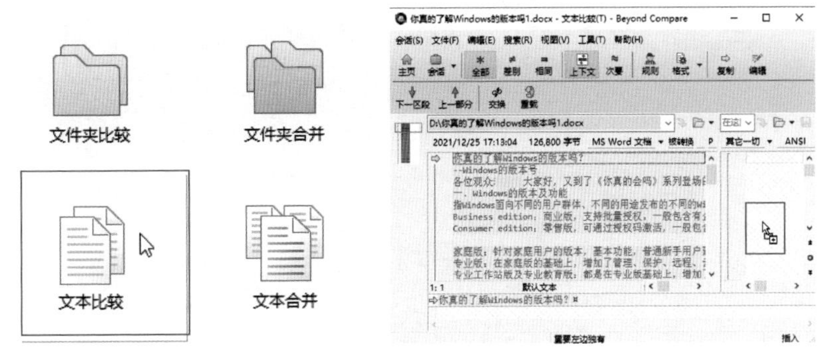

图5-67

界面中会突出显示两个文档的不同之处，一目了然，如图5-68所示。

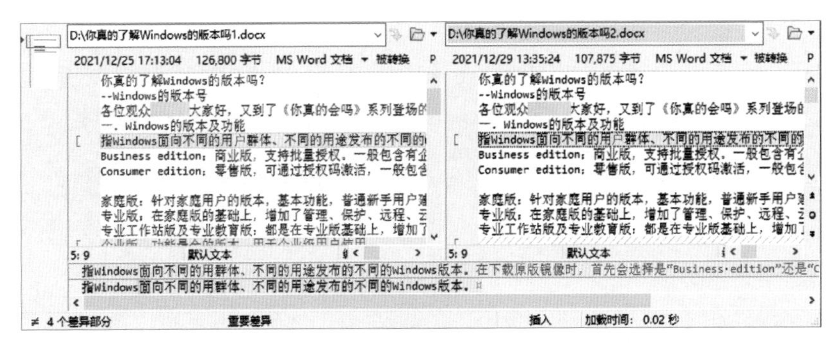

图5-68

扫码观看
本章视频

第6章 团队协作软件

在日常办公中，经常会通过团队合作进行方案的策划或共同完成某一个工作。此时就需要一款可以辅助团队工作、共享工作成果，以及能随时修改工作成果的软件。本章将着重介绍这类软件的使用方法和使用技巧。

6.1 团队交流软件的使用

团队成员在工作时，需要一款团队交流软件，通过该软件能进行语音、文字的交流，也可以举行视频会议，演示幻灯片或使用电子白板进行方案的讲解。虽然很多人使用手机端软件进行团队交流，但电脑端软件使用得更加频繁。下面就介绍经常使用的团队交流软件（腾讯QQ和微信）的使用方法。

6.1.1 腾讯QQ的使用

腾讯QQ是一款常用的交流软件，属于即时通信类软件，它支持多平台客户端，功能丰富，实用性较强，因为群众基础较广，所以使用成本较低。

（1）使用腾讯QQ发送信息和语音

腾讯QQ最常用的功能就是发送信息，包括文字信息和语音信息。

下载并安装腾讯QQ后，可以先设置显示的字体，使工作更加方便。打开聊天界面，单击“…”按钮，选择“字体选择”选项，如图6-1所示。因为字体是收费的，所以可以选择默认字体，单击“字体大小”下拉按钮，选择合适的字号，如图6-2所示。

图6-1

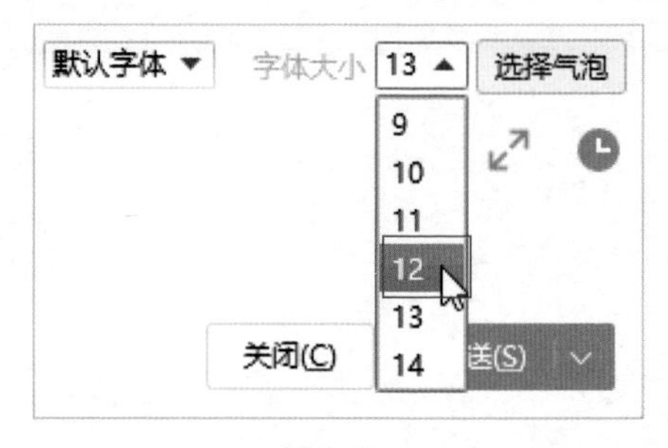

图6-2

单击“选择气泡”按钮，选择令人满意的气泡样式，在文本框输入文字，单击“发送”按钮，就可以发送消息给对方了，如图6-3所示。

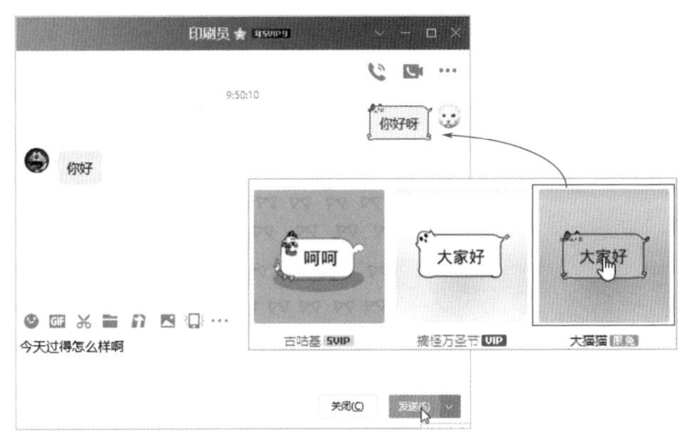

图6-3

单击“历史记录”按钮，可以查看消息记录，查找消息中的文字、语音、图片等内容，如图6-4所示。

图6-4

当输入一些常见文字后，QQ会自动将其转换成表情，选择后可以快速发送，如图6-5所示。

单击“…”按钮，选择“语音消息”选项，录制语音消息后单击“发送”按钮，就可以发送给对方，如图6-6所示。

图6-5

图6-6

知识链接：

语音可以录制60s，在接收到对方的语音后，如果不方便接听，可以单击"㉆"按钮，将语音转成文字，如图6-7所示。

图6-7

（2）使用腾讯QQ发送和接收文件

使用QQ传输文件非常方便，包括文档、压缩文件、视频文件、语音文件、程序文件和文件夹等，有"在线发送"和"离线发送"两种模式可供选择。

将需要发送的文件或文件夹拖拽到聊天窗口中，默认会使用"离线发送"模式，将其自动上传到服务器临时保存。对方登录QQ后，会收到接收提醒，单击"全另存为"按钮，如图6-8所示，设置保存位置后就会自动下载。

图6-8

如果是文档类，还可使用"腾讯文档"功能在线查看及编辑，也可以存到腾讯网盘——"微云"中，或者收藏起来。

传输视频文件或者图片时，对方可以在线预览，如图6-9所示。在传输过程中可以手动在“在线发送”和“离线发送”之间切换，如图6-10所示。

图6-9　　　　图6-10

知识链接：

“在线发送”需要对方在线，速率受制于上传速率。而且如果在跨运营商传输的情况下，在线发送速率较慢。“离线发送”比较适合跨运营商传输的场景。如果要传输文件夹，需要双方先发送一些信息，确保双方在线。另外，局域网在线发送速率最快。需注意的是，从“离线发送”模式转为“在线发送”模式，需要快速操作，否则文件可能就上传完毕了。

（3）使用QQ共享屏幕

QQ群是多人共同聊天的平台，利用QQ群中演示白板功能可在多人之间创建可以交流的桌面环境，演示者可在演示白板上进行各种解说。分享屏幕功能，可在多人间共享演示者的屏幕、演示电脑的操作、展示演示文稿等，非常方便。

新加入的“班课”系统，可在群中体验电子课堂的效果。

注意事项：

该功能需要在“QQ群”中操作，所以需要先将成员加入到同一个群。

在群对话界面的右上角单击“电话”下拉按钮，选择“分享屏幕”

选项，如图6-11所示。邀请参加演示的人员，单击“发起通话”按钮，如图6-12所示。

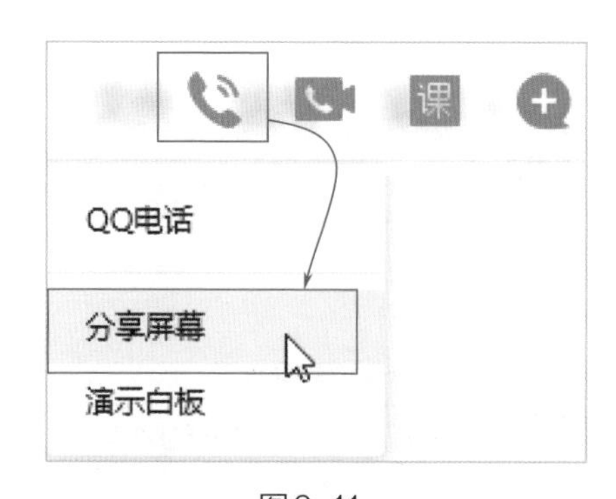

图6-11

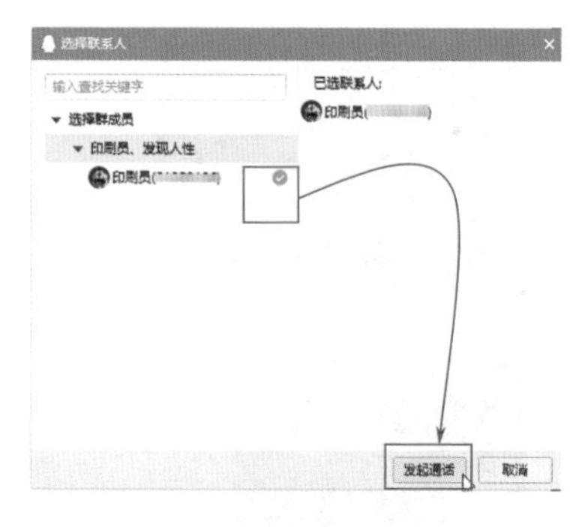

图6-12

图6-13

对方会收到邀请提示，单击“加入”按钮加入。也可在群中看到邀请提示，单击“加入”按钮加入，如图6-13所示。

接受邀请后就可观看演示者的桌面演示和收听语音讲解了，如图6-14所示。

演示白板的发起过程与此类似，在演示时，演示者可以使用白板旁的工具，在白板上绘制图形来讲解，如图6-15所示。

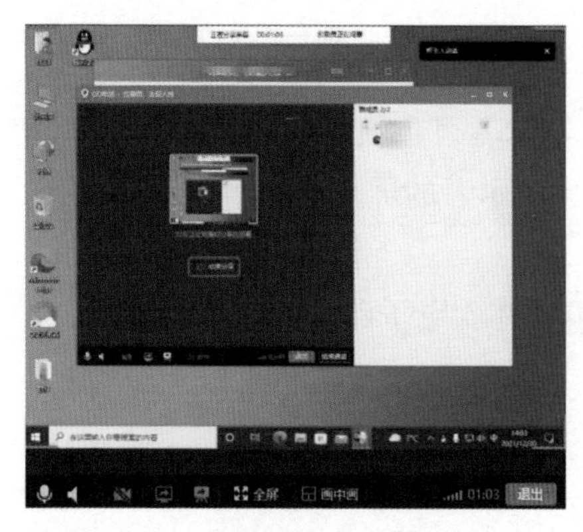

图6-14

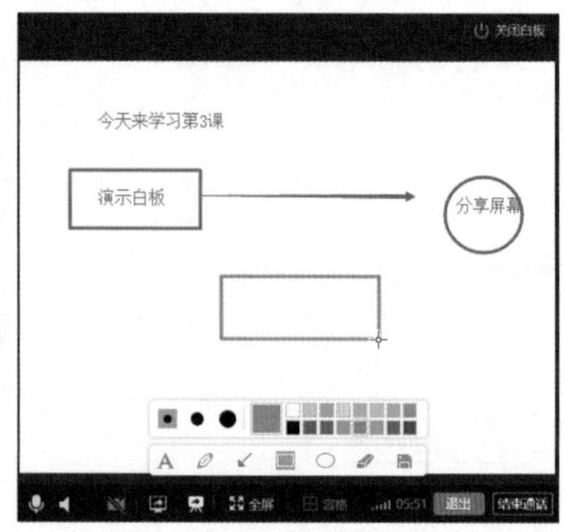

图6-15

使用QQ群中的“班课”系统，可在群中单击“课”按钮，选择“群课堂”选项，在主界面中单击“开始上课”按钮，开启上课状态，如图6-16所示。上课时，教师可以通过摄像头展示画面，通过语音进行讲解。单击“”按钮，可以为学生播放影片、分享屏幕和演示PPT，如图6-17所示。通过“发言申请”可以将麦克风权限移交给学生，进行语音交流。通过右侧的对话框，可以用文字与学生进行交流，如图6-18所示。

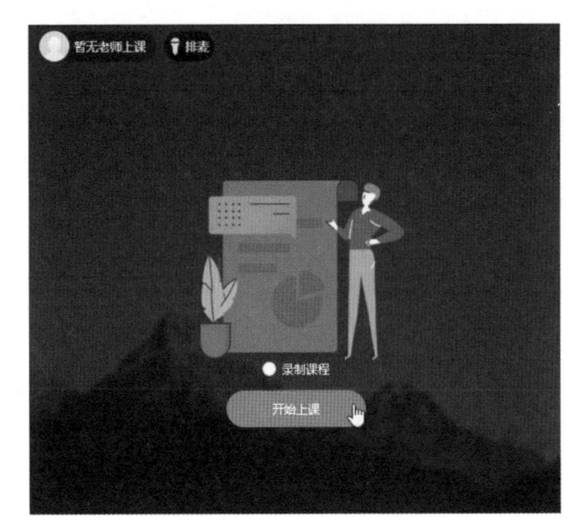

图6-16

图6-17

图6-18

知识链接：

在直播时勾选“录制课程”选项，可将直播的内容同步录制下来，以方便未参加直播的学生收看课程。

6.1.2 微信电脑版的使用

使用微信的人越来越多，开始人们只是在手机上使用，微信电脑版出现后，就可以使用电脑端进行信息的查看以及文件的传输。下面介绍微信电脑版的使用。

(1)使用微信电脑版发送信息

安装并启动微信后，可看到微信电脑版比QQ要更加简洁。输入文字后，单击“发送”按钮，可发送信息，如图6-19所示。此外，单击“📞”按钮，还可与对方进行语音通话，单击“📹”按钮，可与对方在电脑上进行视频通话，如图6-20所示。

图6-19

图6-20

(2)使用微信电脑版发送文件

和QQ一样，将需要传递的文件拖动到微信的聊天窗口中，松开鼠标，会弹出发送确认对话框，确认后单击“发送”按钮，即可发送该文件，如图6-21所示。

图6-21

对方双击接收到的文件，该文件被自动下载到默认的文件夹中，并使用对应的程序打开该文件。也可右击文件，选择“另存为”选项，将该文件保存到其他位置，或者选择“复制”选项，将文件粘贴到其他位置，如图6-22所示。

知识链接：

单击“在文件夹中显示”选项，可以进入微信的下载文件夹中。需要对多个文件进行操作时，可以选择“多选”按钮，然后选择文件，再进行下一步操作，如图6-23所示。

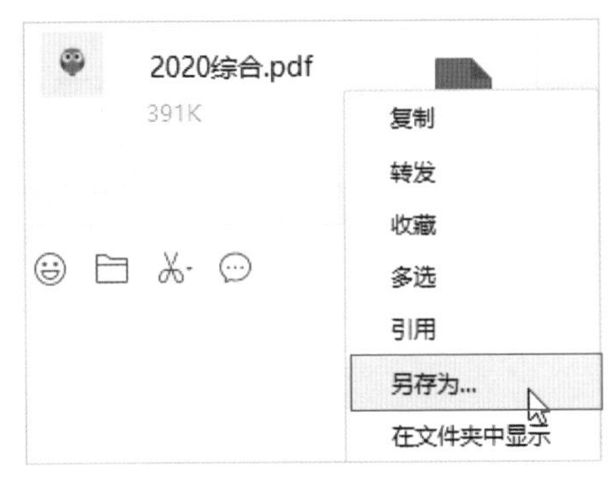

图6-22

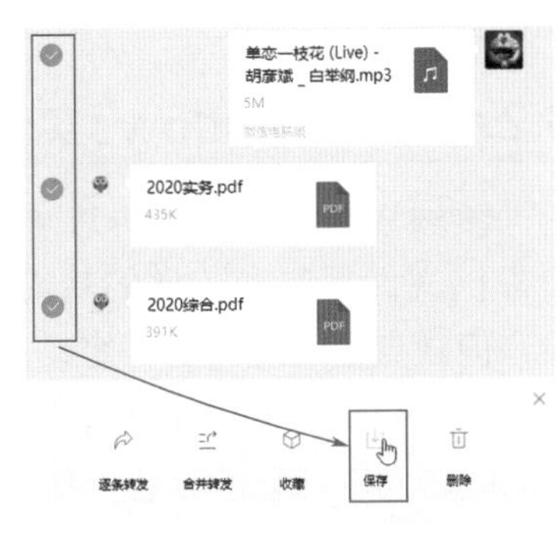

图6-23

（3）微信电脑版其他功能

微信电脑版与手机版的区别越来越小。目前电脑版也可以不用每次扫码登录了。此外，在微信电脑版中，可查看朋友圈、小程序，如图6-24所示；查看收藏夹、手机浮窗；与手机传输文件；查看公众号内容；使用小程序等。如图6-25所示。

图6-24

图6-25

6.2 局域网共享软件的使用

局域网是一种比较常见的网络形式，例如家庭、公司、餐饮店面等场景都可以构建局域网。在日常办公中，需要经常传输文件，这时用户可用操作系统自带的共享功能或局域网共享软件来实现该功能，其要比QQ或微信传输速率快。

6.2.1 使用Windows实现局域网共享

使用Windows自带的共享功能可快速建立共享文件夹，为其他用户提供文件复制和传递的功能。实现Windows自带的共享功能比较简单，但缺点是功能较少，容易产生问题，比较适合少量主机的共享。另外，在共享完毕后需及时取消共享，以免产生安全性问题。下面介绍Windows共享功能的设置操作。

在“开始”界面搜索关键字“网络”，单击“打开”按钮，找到并单击“网络和共享中心”按钮，如图6-26所示。

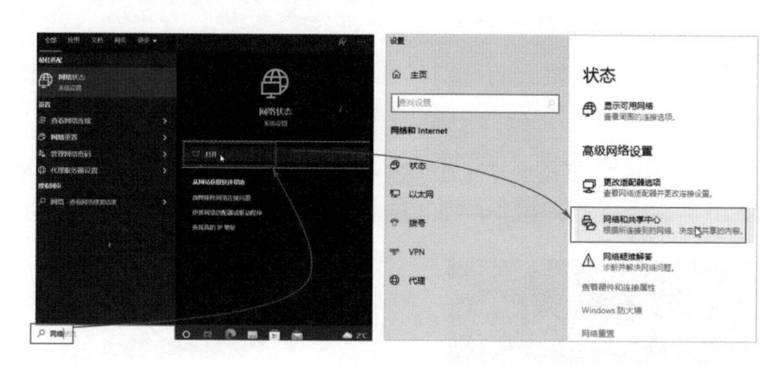

图6-26

注意事项：

很多共享不成功，或者提示使用账户和密码访问，一般是“高级共享”设置原因，所以先要在“高级共享”中关闭密码保护功能。

单击“更改高级共享设置”链接，在“专用”“来宾或公用”以及“所有网络”中均启用网络发现及文件和打印机共享功能，如图6-27所示。

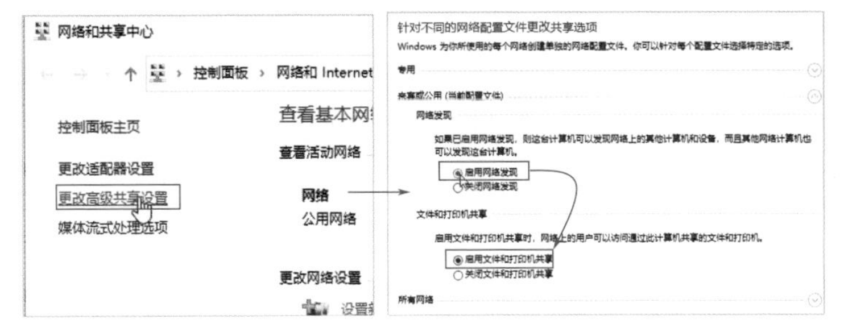

图6-27

在“所有网络”中单击“无密码保护的共享”→“保存更改”按钮，完成配置后，就可启动共享，如图6-28所示。

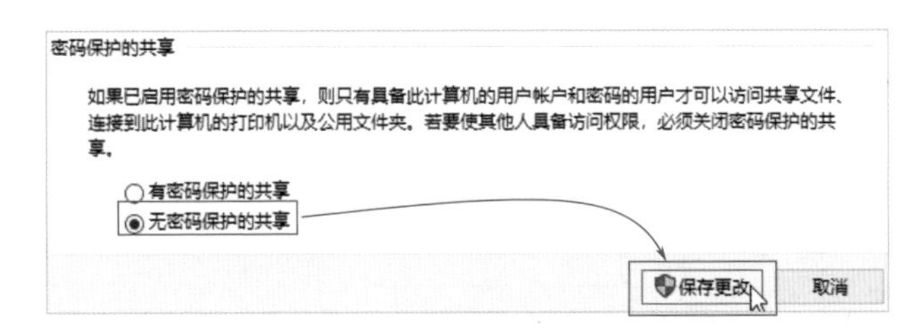

图6-28

右击所需共享的文件夹，选择“属性”选项，在“共享”选项卡中单击“共享”按钮，输入用户名“everyone”，单击“添加”按钮，如图6-29所示。

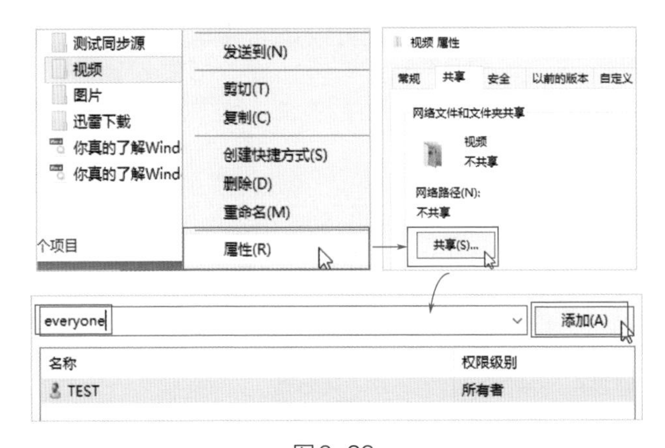

图6-29

单击“Everyone”后面的“读取”下拉按钮，选择“读取/写入”选项（默认为“读取”），单击“共享”按钮，如图6-30所示。在局域网其他电脑桌面上，双击“网络”图标，就会发现所有在局域网共享的主机可通过计算机名称确定，双击计算机图标，如图6-31所示。

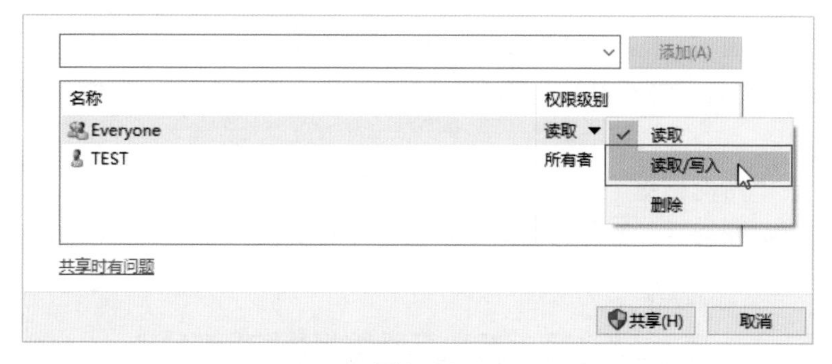

图6-30

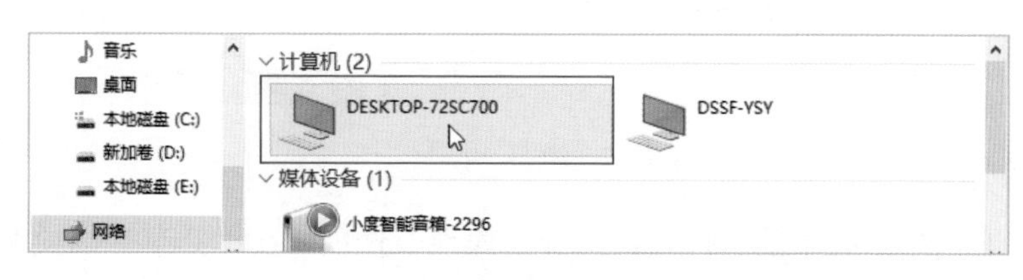

图6-31

这时可看到默认共享文件夹和刚设置的共享文件夹“视频”了，如图6-32所示。双击文件夹图标就可以访问共享文件夹，复制文件无须进行验证。

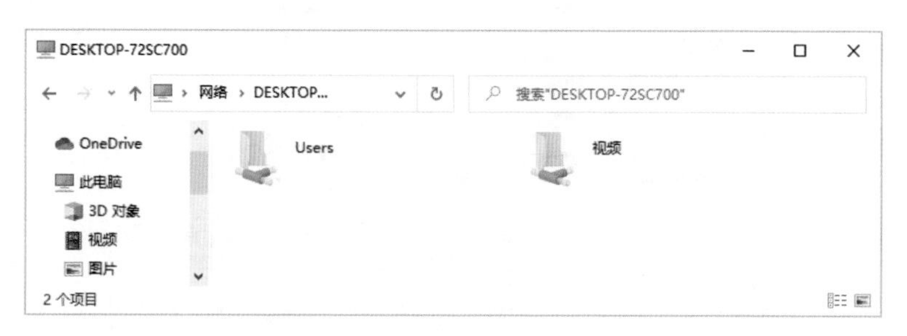

图6-32

知识链接：

用户还可使用Win+R组合键启动“运行”对话框，输入“\\共享主机的IP地址\”（如“\\192.168.80.101\”）来访问该共享。如果从“网络”中无法查看到其他电脑，搜索并启动“启用或关闭Windows功能”，勾选“SMB1.0/CIFS文件共享支持”复选框，确定后重启电脑即可。

☆6.2.2 使用内网通共享文件

内网通的共享功能仅是内网通的一个分支功能。内网通的功能比较强大，无须注册就可实现文件共享、局域网通信操作等功能，包括创建群、创建部门分组、群发、转发等。

注意事项：

该软件和QQ以及微信不同，可在内网环境中运行而无须连接互联网，所以安全性和保密性比较高。

下载安装后启动该软件，设置好姓名和部门后，软件会自动将同一个部门的员工汇成一个组。和QQ类似，展开组后可以看到本组中的用户。双击用户的头像，如图6-33所示，进入“共享”界面，单击“共享文件夹”按钮，如图6-34所示。

图6-33 图6-34

找到并选择共享的文件夹，单击“确定”按钮，勾选该文件夹，单击“设置密码”选项。输入密码，单击“确定”按钮，完成文件夹的共享，如图6-35所示。

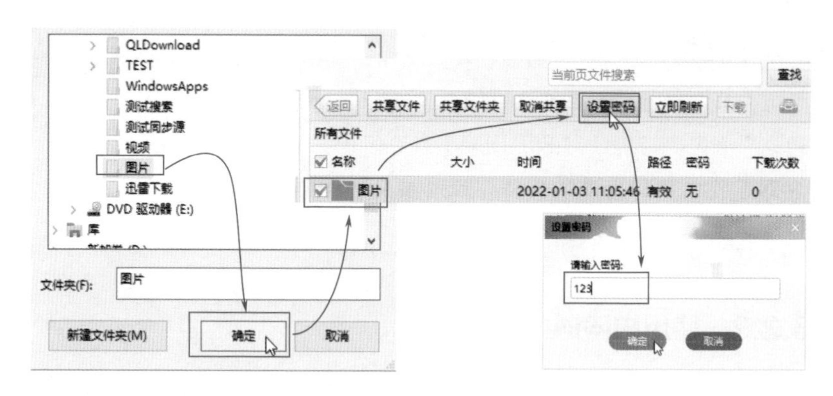

图6-35

其他人也可以双击自己的头像，进入“共享”界面。找到并选择共享用户后，会显示其共享的文件夹，勾选后单击“下载”按钮，输入密码后，选择保存的位置，就可以下载了。该方法比较适合局域网中用户较多的情况，而且分享方式简单、易用。

6.3 网络备份及分享软件

在日常办公中，在网络空间备份一些重要的文件是必要操作。另外，还经常需要在网络空间共享一些文件供不是好友的用户下载，或者临时从网络空间下载文件。这种网络空间叫作云盘，比较有名的有百度网盘、腾讯微云等。下面介绍这些软件的使用。

6.3.1 百度网盘的使用

百度网盘受众面比较广，使用起来简单、方便。其缺点是下载速率较慢。

（1）上传文件

用户需要先注册一个百度账号，然后下载客户端，安装、启动并登录后就可以使用百度网盘的上传、下载功能了。

在主界面空白处单击鼠标右键，选择“新建文件夹”选项，新建文件夹，双击进入该文件夹内，如图6-36所示。

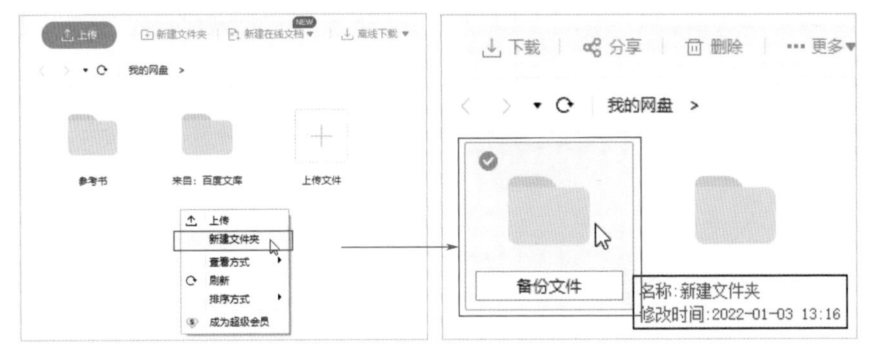

图6-36

将需要上传的文件或文件夹拖至此处，此时，百度网盘会自动将其上传，完成后，百度网盘内会显示该文件或文件夹，如图6-37所示。

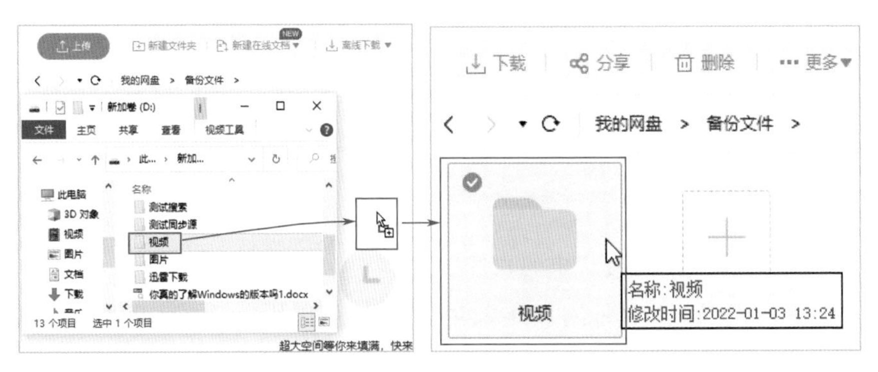

图6-37

（2）分享文件或文件夹

百度网盘主要的作用是分享文件。如何将文件通过发送链接的方式分享给其他人呢？下面对其方法进行介绍。

在百度网盘中找到需要分享的文件或文件夹，这里以文件夹为例，右击该文件夹，选择“分享”选项，在打开的对话框中设置好分享的提取码、访问人数，以及链接的有效期，单击“创建链接”按钮，完成链接的创建，如图6-38所示。

单击“复制链接及提取码”按钮，可将其通过各种方式发送给其他人，即完成分享操作，如图6-39所示。

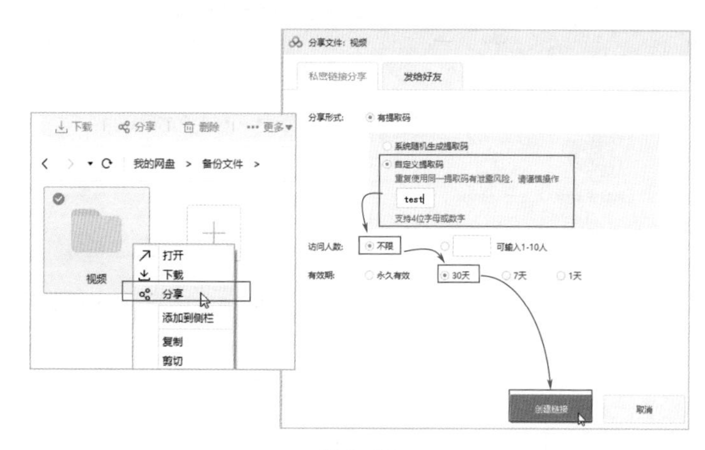

图6-38

图6-39

（3）下载百度网盘中的内容

用户可以下载其他用户分享的文件，也可以从自己的百度网盘中下载自己上传的文件。

右击需要下载的文件或文件夹，选择“下载”选项，设置好下载位置，单击“下载”按钮，启动下载，如图6-40所示。在获取到别人分享的链接和提取码后，将链接复制到浏览器的地址栏，进入后输入提取码，单击“提取文件”按钮，如图6-41所示。

图6-40

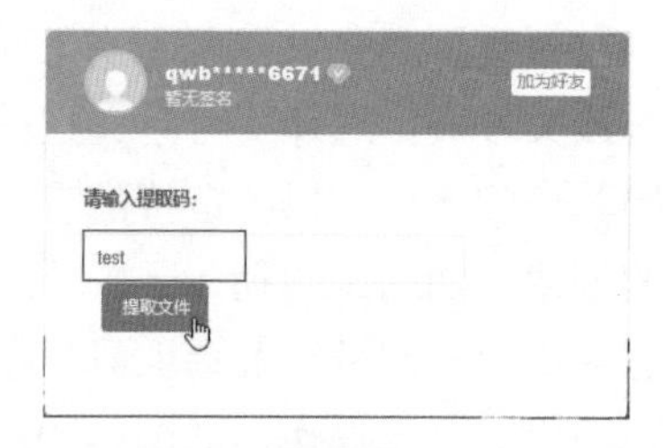

图6-41

单击“保存到网盘”按钮可将文件夹保存到自己的网盘中。如果要直接下载文件，可以选中文件或文件夹后单击“下载”按钮，如图6-42所示。客户端自动启动时，设置好下载位置，单击“下载”按钮，就可以启动下载了。

图6-42

6.3.2 腾讯微云的使用

腾讯微云是腾讯公司开发的网盘，虽然也有客户端程序，但大部分用户喜欢使用QQ的微云板块，非常方便。

（1）上传及下载文件或文件夹

在QQ界面下方单击微云图标即可启动微云。在“腾讯微云”界面中单击“上传”按钮，选择“文件夹”选项，选择要上传的文件夹后单击“确定”按钮，如图6-43所示。

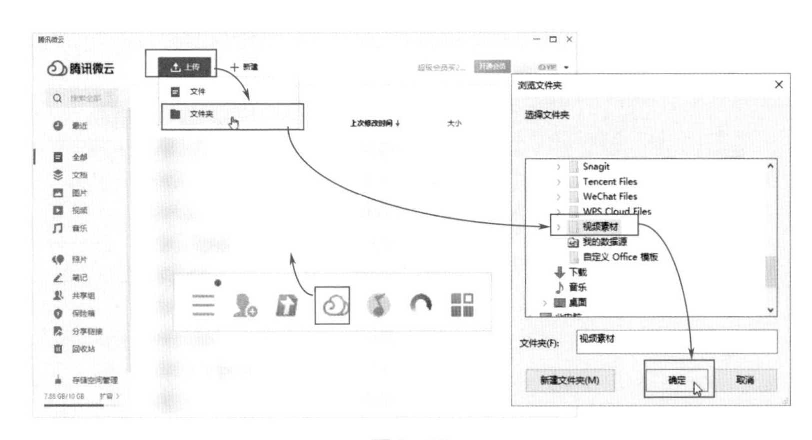

图6-43

稍等片刻，该文件夹内部文件就被上传至网盘中。如果要下载该文件夹，只需选中后单击“下载”按钮就可以了，如图6-44所示。

图6-44

(2)分享文件及文件夹

腾讯微云也支持文件的分享。右击要分享的文件或文件夹,选择“分享”选项,在弹出的“分享”对话框中复制链接,并将链接发送给对方即可,如图6-45所示。单击“添加访问密码”,可为链接添加访问密码。对方接收到链接后输入密码即可访问。

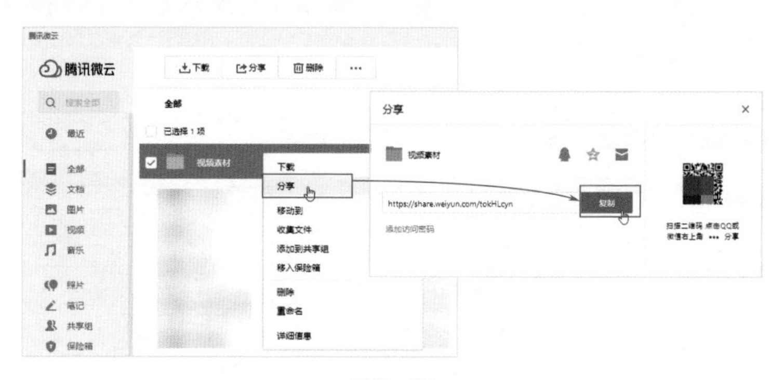

图6-45

(3)添加到共享组

将多个用户添加到同一个共享组,组中的成员可以分享自己的文件到该共享组中,以便与其他成员共享。

右击所需的文件,选择“添加到共享组”选项,选择分享的共享组名称。若没有创建共享组,可以实时创建。单击“创建共享组”按钮,如图6-46所示。

图6-46

图6-47

输入组名，单击“确定”按钮。此时该文件已在共享组中共享了，如图6-47所示。在腾讯微云主界面单击“共享组”选项，进入到“共享组”界面中，单击“邀请好友”按钮，在打开的邀请对话框中，复制链接给其他组员。其他组员只需打开链接后，单击“加入共享组”按钮，授权后即可加入，如图6-48所示。

图6-48

知识链接：

共享组建立后，成员可随时在共享组中添加共享文件。对于团队来说，通过此方法分享成果，非常方便。团队中的人员只能对自己发布的共享进行操作，非常安全。

6.3.3 临时性网盘的使用

百度网盘、腾讯微云、阿里网盘等都需要注册登录才能上传、下载及共享，并且储存空间有限。很多情况下，共享的主要目的是让对方下载到所需文件。这时可使用一些在线的临时性网盘解决问题。这类网盘无须登录，下载也不限速。常见的有文叔叔、AirPortal和奶牛快传等。下面以“文叔叔”网盘为例，来介绍临时性网盘的使用方法。

进入到“文叔叔”官方主页中，单击“选择文件”按钮，选择“单个、多个文件”选项，如图6-49所示。

图6-49

在“打开”对话框中选择需要上传的文件，单击“打开”按钮，返回到主界面。单击“⚙”按钮，如图6-50所示。

在“基础”选项卡中可设置密码和时间期限。在“高级”选项卡中可以设置下载和预览的权限等，不过这需登录后才可操作，如图6-51所示。

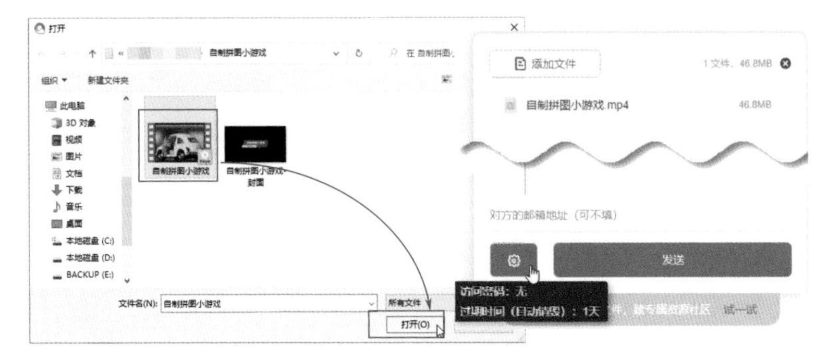

图6-50

图6-51

设置完成后，单击“发送”按钮，启动文件上传。上传完毕后，用户可将文件链接复制并分享给对方，如图6-52所示。

图6-52

对方打开链接，单击“下载”按钮即可下载或转存文件，如图6-53所示。

图6–53

6.4 文档协作工具的使用

文档协作工具有很多，比较常见的有金山文档、腾讯文档、石墨文档等。本节将以腾讯文档为例，来介绍文档协作工具的基本操作。

6.4.1 打开及编辑文档

腾讯文档支持本地文件导入以及在线新建文档。启动腾讯QQ后，单击界面下方的“腾讯文档”图标按钮，进入腾讯文档主界面，如图6-54所示。

图6–54

单击“新建”按钮，在列表中可选择新建的文档类型，如图6-55所示。其具体操作与Word操作相同。

图6-55

如果需要导入本地文档进行共享，可在主界面中单击“导入”按钮，在“打开”对话框中选择要导入的文档，单击“打开”按钮，如图6-56所示。

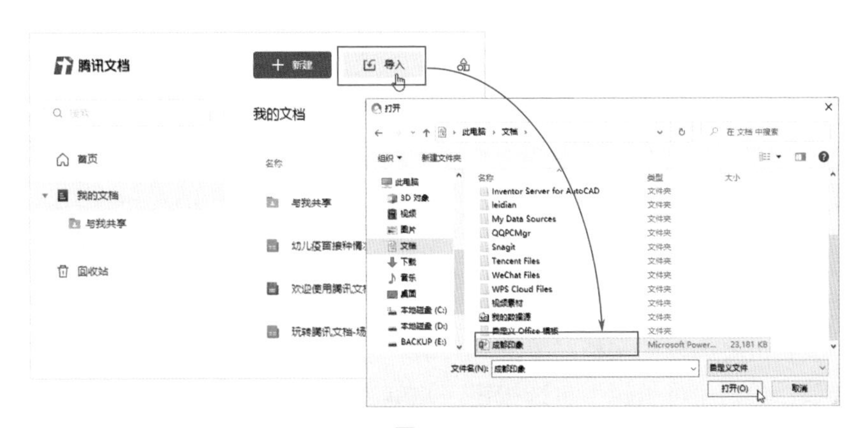

图6-56

在打开的“导入本地文件”界面中，根据需要选择导入方式，单击“确定”按钮，系统会自动上传文档，如图6-57所示。

图6-57

双击文档即可打开查看。如要删除文档，只需右击文档，选择“删除”选项即可，如图6-58所示。

图6-58

6.4.2 分享文档

文档编辑完毕后，可将文档分享给好友。好友也可对该文档进行修改和编辑。

右击要编辑的文档，单击“分享”选项，选择“仅我分享的好友”选项，单击“可编辑”单选按钮，并单击“QQ好友”按钮，如图6-59所示。

选择QQ好友后，单击“确定”按钮，如图6-60所示。好友会收到提示信息，单击分享的链接，随即会打开腾讯文档，在此可对文档进行编辑，如图6-61所示。

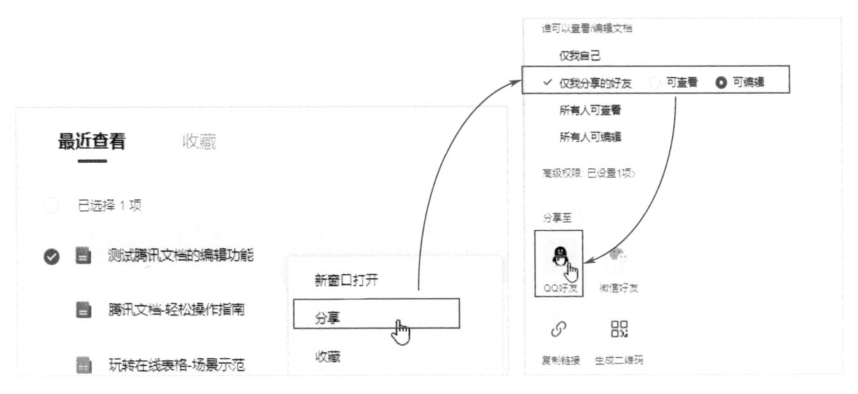

图6-59

图6-60

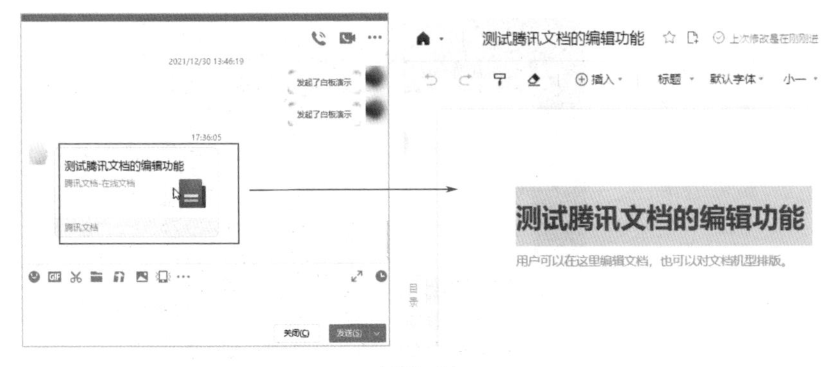

图6-61

6.4.3 开启远程演示

腾讯文档还支持远程演示的功能，可以将Office文档向远程用户展示，以便讲解和介绍。

在腾讯文档中打开需要远程演示的文档，在界面上方单击“演示”按钮，选择“开始远程演示”选项，在弹出的界面中单击“邀请好友”按钮，如图6-62所示。

图6-62

单击“复制链接”按钮，将链接发送给好友。好友在打开链接后，会进入到收看端等待，在演示端单击“开始远程演示”按钮后，演示端和收看端会同步文档演示，如图6-63所示。

图6-63

知识链接：

在该界面中可以开启通话，也可以使用激光笔进行讲解。

6.5 其他常见协作软件的使用

除了以上介绍的文档协作工具外，还有一些在工作、生活中常用的分享小软件，例如屏幕投屏软件、二维码分享软件等。

6.5.1 投屏软件的使用

利用投屏软件可将手机/Pad端文件投射至大屏显示器设备上，如电视或投影仪设备，以方便演示。这类软件可分为两种：一种是系统自带的投屏软件；另一种是第三方投屏软件。

系统自带的投屏软件可将手机/Pad整个屏幕投射到大屏幕中，使用时需要打开“投屏”功能，搜索到电视等设备时，选择即可，如图6-64所示。

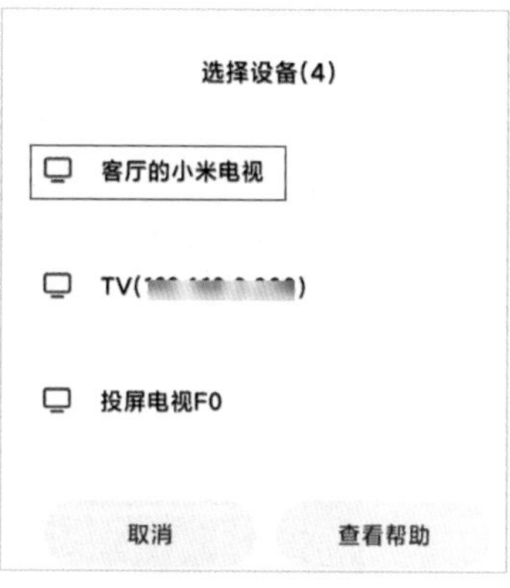

图6-64

知识链接：

主流的投屏协议包括Airplay、DLNA和Miracast。有些投屏软件需要先打开显示设备的投屏功能，如图6-65所示。

图6-65

第三方投屏软件的功能包括投全屏和投影特殊程序，比如Office的演示。这类软件比较多，用户需要在演示端、手机端、电脑端等安装对应的投屏软件，并进行注册和绑定。比如常见的傲软投屏，可以在多终端之间互投，需要将电脑或手机等和演示设备连接到同一个局域网中，然后在手机端和电脑端等启动投屏软件，查找并连接演示端即可。

如果使用的是WPS投影宝，只要在手机端和电视端都安装该软件并启动，使用手机端WPS投影宝扫描电视端上的连接二维码即可连接，如图6-66所示。

图6-66

☆6.5.2　二维码分享软件

如果经常需要将某些资料分享给其他人，可将资料的链接转换成二维码进行分享。本小节将介绍二维码转换工具的常规操作。

（1）将链接或文字转换成二维码

将链接或文字转换成二维码，用终端扫码直达网站或者查看二维码内容，是常见的操作。

打开草料二维码官网，可将网址或者文字输入到左边的框中，单击“生成二维码”按钮，即可完成二维码的转换，如图6-67所示。完成后，可以截图、下载图片的形式发送给对方，或放置在文档中使用。

图6-67

知识链接：

生成二维码后，单击右侧“上传LOGO”按钮，为二维码添加LOGO图标，单击“二维码美化”按钮，可以对二维码进行美化，如图6-68所示。此外还可以设置编码的规则、容错率和尺寸等。

图6-68

（2）将二维码转换成文字

在接收到二维码后，可以使用该网站将其转换成链接等文本内容，以检验其是否是钓鱼网站；或在电脑上打开此链接。

使用截图工具截取二维码，并保存到电脑中，如图6-69所示。打开该网站后，从“更多工具”中单击“上传二维码”图片，如图6-70所示。

图6-69

图6-70

找到并选择刚刚截取的二维码图片，单击“打开”按钮，网站会自动将二维码转换成对应的文本内容，如图6-71所示。

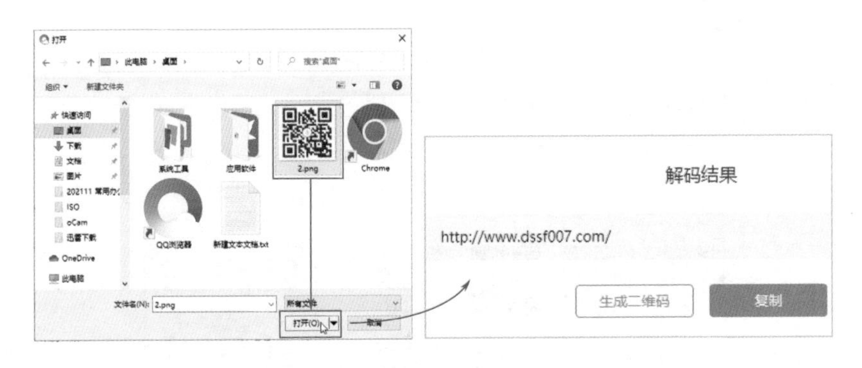

图6-71

知识链接：

很多浏览器也提供将当前打开的网址转换成二维码并分享给其他用户的

功能。打开浏览器，单击网址后的“分享网页”按钮，就会出现二维码和分享方式了，如图6-72所示。

图6-72

扫码观看
本章视频

第7章 远程办公软件

现在办公已经不局限在一个地理位置了，由于网络技术的高速发展和普及，人们会在家庭、公司甚至是咖啡厅等多种场所工作。人们可以利用各种工具来使用各种资源并同步工作文件。本章将重点介绍远程办公软件的使用。

7.1 TeamViewer软件的使用

TeamViewer是一款专业级的远程控制软件，可以共享桌面、传输文件，只要在两台终端上都运行TeamViewer客户端即可。TeamViewer在Windows、Mac、Linux、Android系统都有对应的客户端。下面介绍该软件的使用方法。

7.1.1 远程桌面连接

远程桌面连接是TeamViewer（以下简称TV）的基本功能。通过远程桌面，用户可以像使用本地终端一样，控制远程终端，执行各种操作。下载并安装TV后，启动该软件。

在主界面中切换到“计算机和联系人”选项卡，单击“注册”按钮，填写注册信息后，单击“下一步”按钮。完成注册后，切换到“远程控制”选项卡，如果需要别人控制本地终端，将“ID”号和“密码”发送给对方就可以了，如图7-1所示。

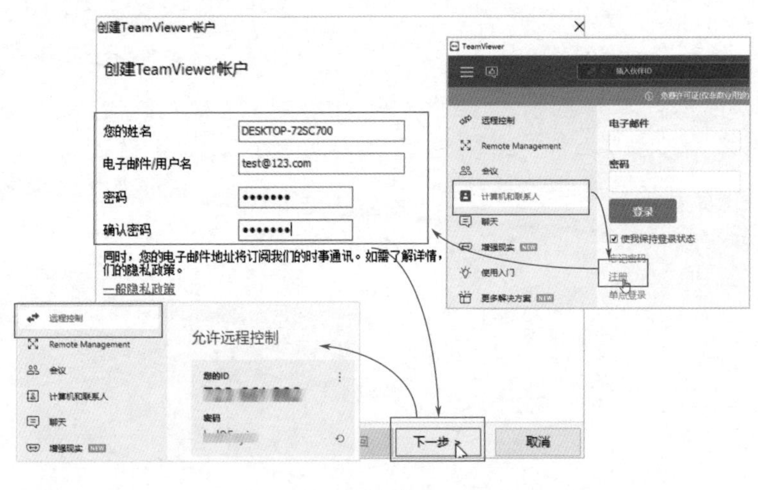

图7-1

知识链接：

主控端指控制别的设备的终端，被控端指被别人控制的终端。按照TV的规定，主控端需要注册并登录。被控端无需此操作，只要有ID号即可。ID号是和终端绑定的，是通过TV算法生成的唯一被控代码。

如果要控制的其他人的终端，在“插入伙伴ID”处，输入对方的ID号，单击“连接”按钮，在需要验证的页面中单击“验证账户”按钮，如图7-2所示，用户可按照提示进行验证操作。

图7-2

验证完毕后，再次连接，填写密码，单击“登录”按钮。登录完毕后，会启动远程桌面窗口，此时可以像控制本地终端一样控制对方终端了，如图7-3所示。为了节约流量、保证流畅度，桌面背景默认不显示，而是黑屏。

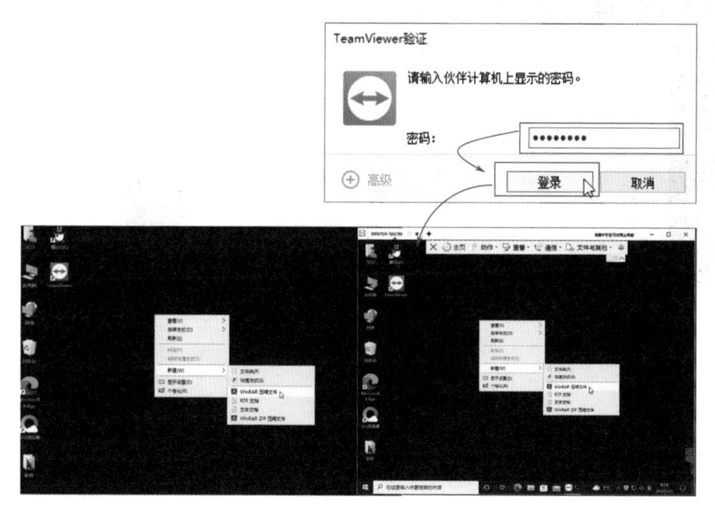

图7-3

注意事项：

使用TV，需要用邮箱和手机号注册，且在注册过程中，需要多次使用邮箱添加设备为可信任设备，所以要确保当前可以登录的邮箱及手机号未被注册。此外，TV对于个人非商业用户实行免费的策略，但是只能免费绑定（能登录该账号）2台设备，且更换次数也有限制，所以用户在使用TV时需做好规划。

7.1.2 使用TV传输文件

使用TV的另一个好处是可以实时传输文件，可以在主控端和被控端互传而且速率非常快。TV默认支持剪贴板功能，可以复制文字。

从TV的远程界面中找到远程主机的文件，单击鼠标右键选择“复制”选项，在本地找到存放位置，进行粘贴操作，就可以实时传输了，如图7-4所示。

图7-4

知识链接：

另外，也可以采取直接拖拽的方式，将文件在主控端和被控端之间传输，如图7-5所示。

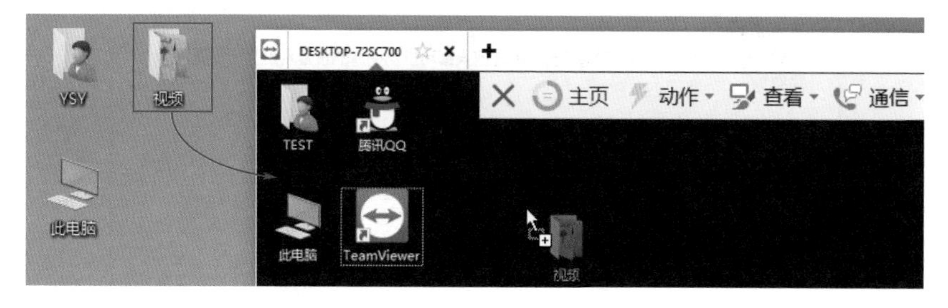

图7-5

7.1.3 设置默认连接密码

每次连接的默认密码有点复杂而且会随时更换，这为远程连接终端带来了不便。用户可以设置一个默认的连接密码，输入该密码就可以随时连接了。

在被控端上单击右上角的“⚙”按钮，切换到“高级”选项卡，单击“显示高级选项”按钮，如图7-6所示。

图7-6

在“个人密码”中设置默认连接密码，完成后单击“确定”按钮，如图7-7所示。再次连接时，输入该密码就可以连接了。

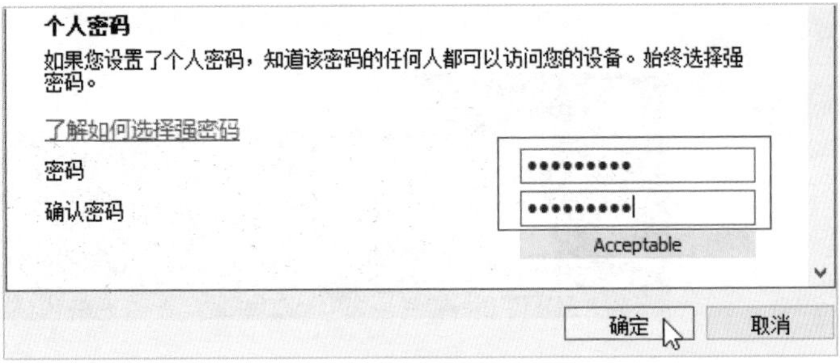

个人密码
如果您设置了个人密码，知道该密码的任何人都可以访问您的设备。始终选择强密码。
了解如何选择强密码
密码
确认密码
Acceptable
确定
取消

图7-7

7.1.4 TeamViewer高级功能

通过前面的介绍可知，用户可以使用TV方便自由地连接其他设备。在连接后，还可以通过界面上方的功能菜单来实现更多的功能，如图7-8所示。

免费许可证(仅非商业用途)
主页
动作
查看
通信
文件与其他

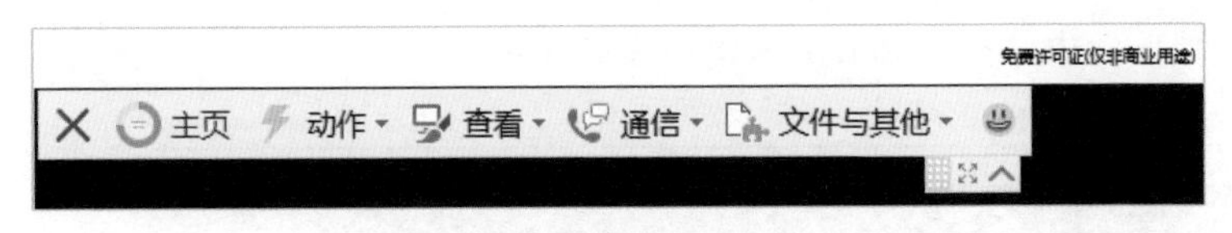

图7-8

（1）查看设备信息

单击“主页”按钮，可以查看被控端设备的基本信息，如CPU、内存、硬盘的使用情况以及操作系统等软件信息，如图7-9所示。

返回到远程桌面
常规信息
设备管理
反馈
结束会话
常规信息
进程
会话
性能
28%
CPU
36%
RAM
23%
设备
系统环境

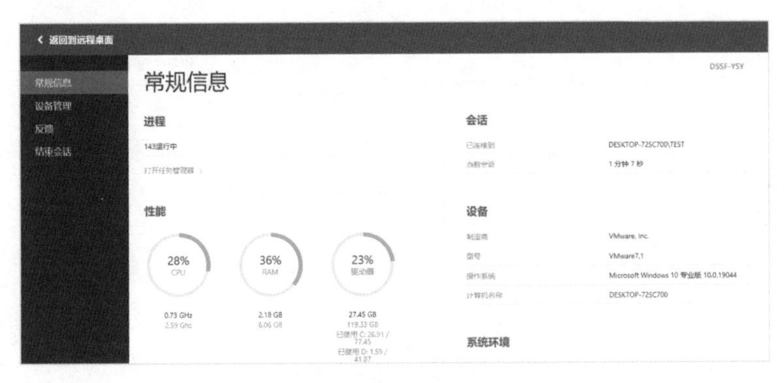

图7-9

（2）发送命令

通过“动作”选项卡，可以发送脚本，锁定对方终端，重启终端等，如图7-10所示。

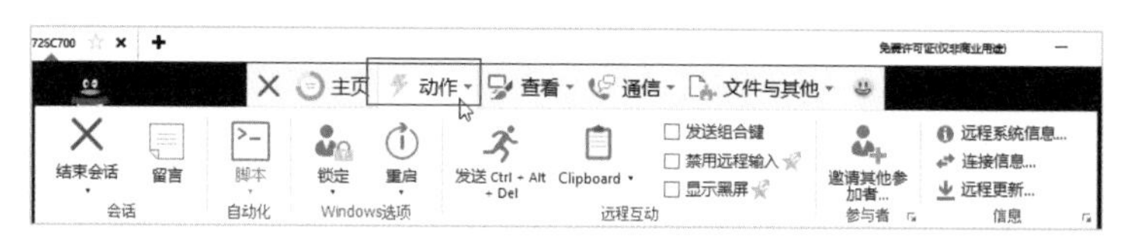

图7-10

（3）设置远程画面参数

通过“查看”选项卡可以设置远程画面的缩放比例、画面的清晰度、远程画面的分辨率、壁纸显示和远程光标，以及切换到全屏模式等，如图7-11所示。

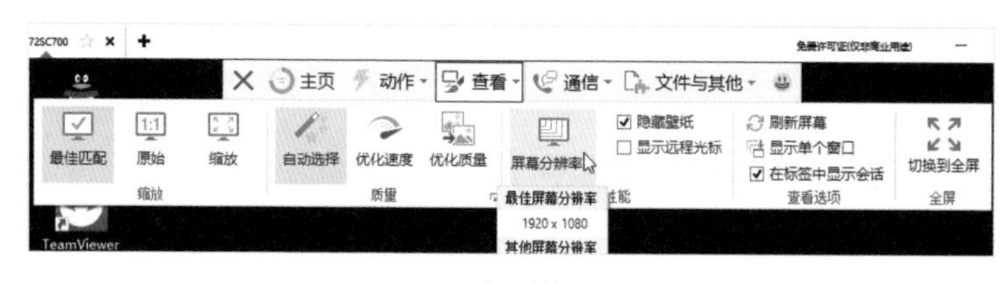

图7-11

（4）设置远程多媒体参数

传输音频、互换控制、远程呼叫、启动聊天和视频都可以在“通信”选项卡中执行，如图7-12所示。

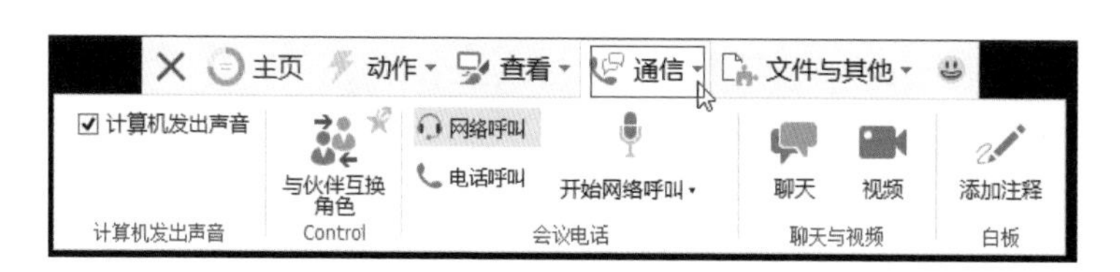

图7-12

另外，通过“添加注释”按钮可以将对方终端变成白板，为对方的操作添加注释或指引，同时对方也可以操作，达到互动的目的，如图7-13所示。

图7-13

(5)录制和文件传输

在“文件与其他”选项卡中可以激活打印功能，实现远程打印，还可以截屏和录制视频，以及启动文件传送和共享，如图7-14所示。

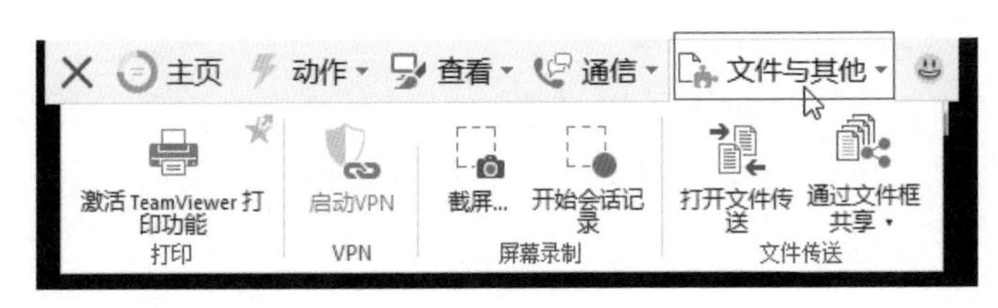

图7-14

7.1.5 通过TeamViewer召开会议

通过TV的会议功能可以实现异地多人的电视电话会议，而且可以共享桌面给其他人员用以播放幻灯片及讲解。

切换到“会议”选项卡，单击“开始”按钮。设置摄像头、麦克风后，单击“开始会议”按钮，如图7-15所示。

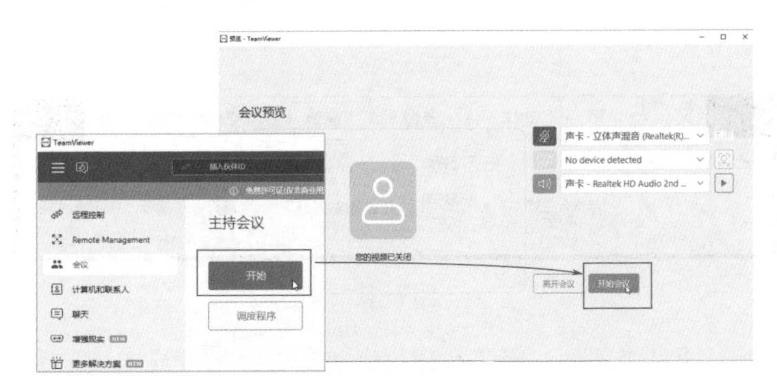

图7-15

接下来进入到会议界面中，单击左下角的会议ID号，将ID号复制，如图7-16所示，然后将ID号发送给其他参会人员。

图7-16

其他参会人员在获取ID号后，可将ID号输入到“会议ID”中，单击“加入”按钮，调试好设备后，单击“加入会议”按钮，如图7-17所示。

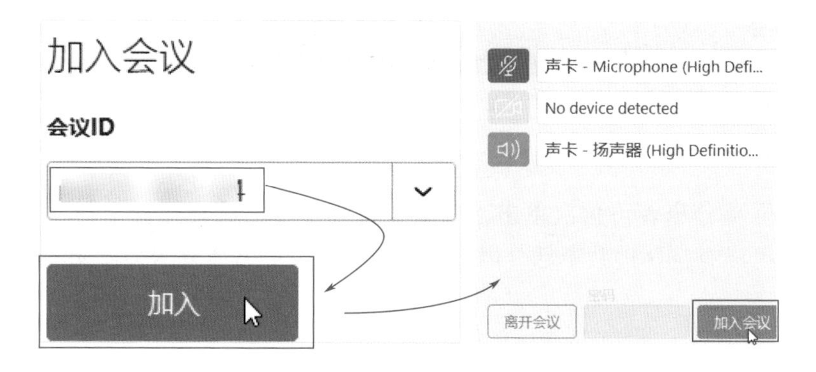

图7-17

连接后，在主界面中看到所有人的摄像头，如图7-18所示。单击下方的“共享屏幕”按钮，在弹出的窗口中选择“屏幕”，单击“共享我的屏幕”按钮，如图7-19所示。

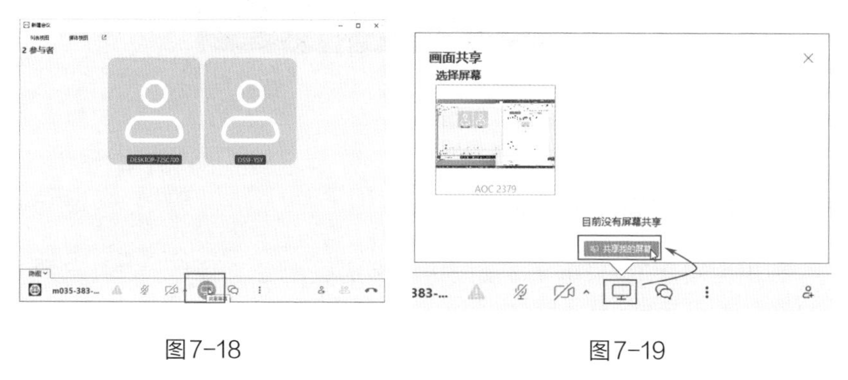

图7-18　　图7-19

其他人员可在会议界面查看共享屏幕，如图7-20所示。

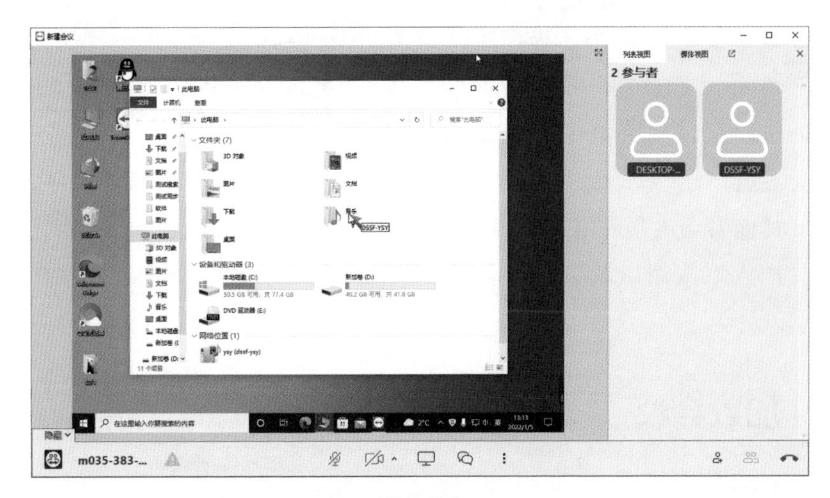

图7-20

屏幕分享者可再次单击“共享屏幕”按钮，选择要分享查看的内容，可以有选择地共享部分内容，而不是共享屏幕所有内容，如图7-21所示。

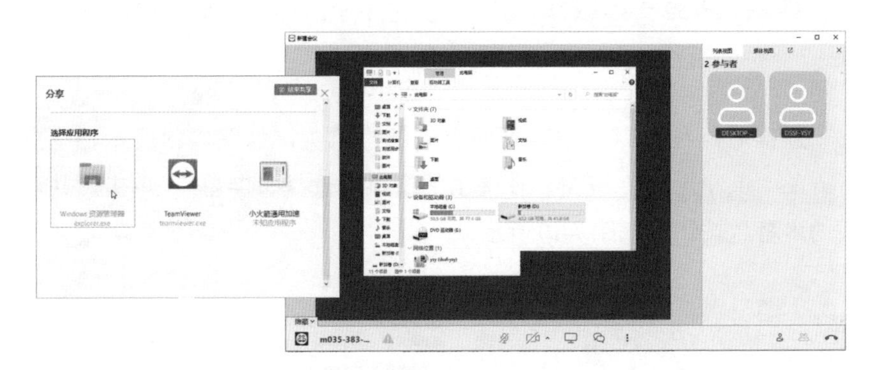

图7-21

7.1.6 轻松访问及远程唤醒

利用免费版TV可绑定2台设备。绑定后，在“聊天”中可看到上线设备。在主界面中勾选“随Windows一同启动TeamViewer”复选框，可以在系统启动时启动TV。勾选“授权了TEST101的轻松访问”复选框，只要登录了该账号的TV客户端，都可以互相远程访问，通过设置的默认密码，只要被控端能开机，就可随时被控制，如图7-22所示。

图7-22

接下来就解决如何远程启动终端。如果是公司服务器，24小时待机，那么任何时刻都可以连接。如果是个人电脑，一般使用时才开机。所以常见的方法是使用网络唤醒功能，这需要计算机网卡的支持（现在基本上都支持），并且开机命令需要跨越路由器传递到主机中，或通过局域网其他设备唤醒。这种方法比较麻烦，而且故障率高。普通用户建议选择“开机棒”系列产品，可以在局域网中接收命令，并开启设备。

下面介绍一种较为简单的远程开机方法，即使用电脑的“来电开机”功能来操作。“来电开机”功能会在电脑断开电源又接通电源时启动电脑。该参数可以在BIOS中设置。由于BIOS不同，用户可以查找自己主板的说明书或搜索相关资料查看设置位置。如微星主板，在“高级”的“电源管理”中将“AC电源掉电再来电的状态”从“Power off”（图7-23）设置为“Power on”，保存重启电脑即可。

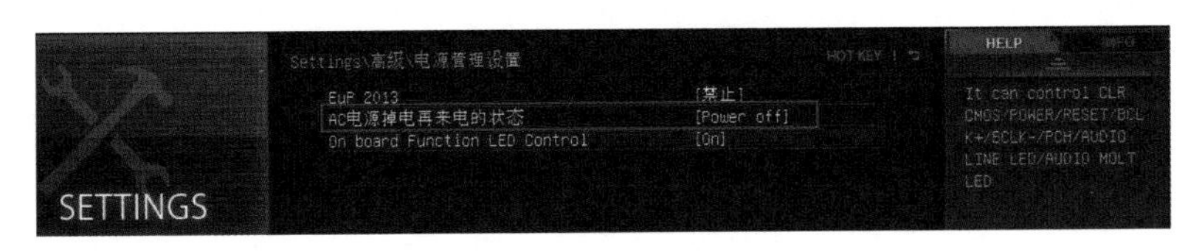

图7-23

知识链接：

其他品牌的主板，找到“AC BACK”“断电后恢复电源状态”等功能项，将其选项设置为“on”“Power On”“电源开启”等，保存重启即可。

可以提供电源控制的工具就比较多了，如小米智能插座等，可通过Wi-Fi控制其通断。通过App也可控制其电源通断，连接方法就是将电脑主机的电源线接到智能插座上，再将智能插座接到接线板上。

注意事项：

使用App先断掉小米智能插座的电源，等10s左右，再打开供电，就完成了断电再来电的操作，简单且稳定。另外，智能插座还有电量统计的功能。

☆7.2 ToDesk软件的使用

由于TV在使用时有很多局限，所以部分用户会选择其他远程办公软件，例如向日葵、ToDesk等。这些国产软件的远程办公功能做得比较好，并且口碑也很好，操作简单，支持多种终端，画质清晰，延时小。另外，其最大的优点是可以绑定多台设备，无须记住ID号，登录账号后，就可以在任意一台设备上操作了。

建议远程办公的用户，使用两款或两款以上的远程办公软件，以达到冗余备份的目的。下面就以ToDesk软件为例，来介绍远程办公的操作方法。

7.2.1 使用ToDesk的远程桌面功能

ToDesk（以下简称TD）的操作方法与TV基本一致。下载安装后启动该软件，和TV类似，有设备代码（ID）和临时密码（随机密码），将其发送给其他人即可等待受控，如图7-24所示。在主控端的"远程控制设备"文本框中，填入对方的ID号，单击"连接"按钮，如图7-25所示。

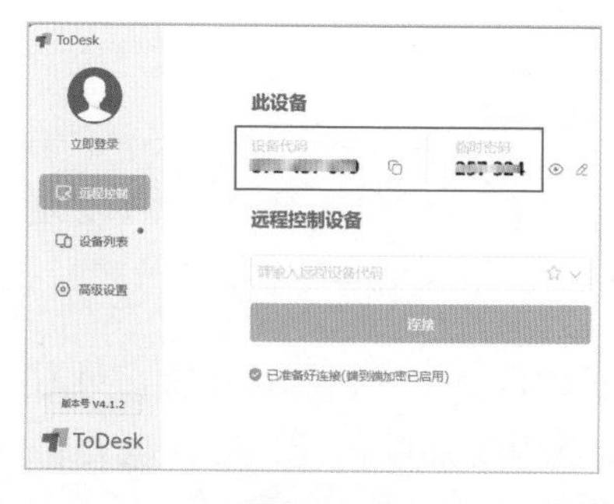

图7-24

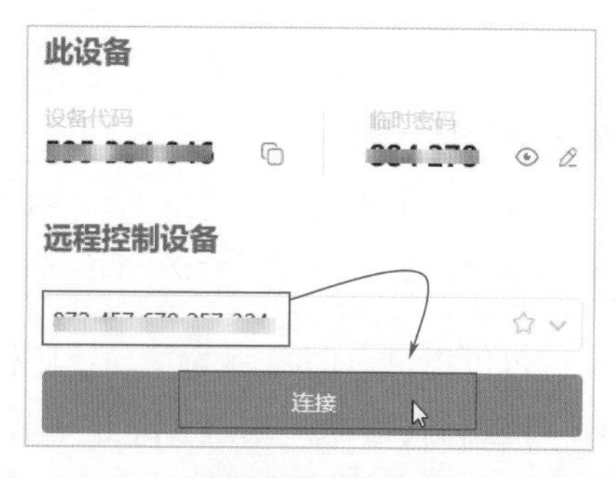

图7-25

输入临时密码后，单击“连接”按钮，稍等片刻，会弹出远程桌面界面，如图7-26所示，连接过程和TV一致。

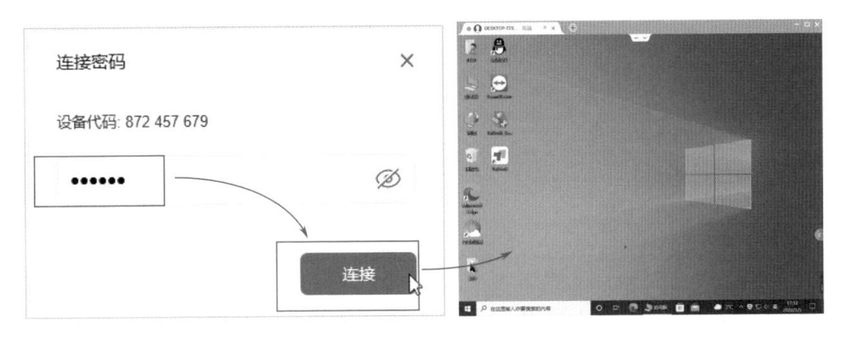

图7-26

7.2.2 设备绑定及无人值守设置

TD的另一个特点就是注册并绑定后，可以对列表中所有的设备进行操作，而无须每一次都要手动连接。

在主界面中，单击“手机验证登录”按钮，输入手机号获取验证码并输入即可登录，如图7-27所示。

图7-27

如果是新设备，需要授权，并通过邮箱接收验证码，完成后可以在“设备列表”中查看所有绑定的设备，如图7-28所示。

单击右侧“立即激活解锁此设备”按钮，可以解锁本设备，如图7-29所示。

图7-28

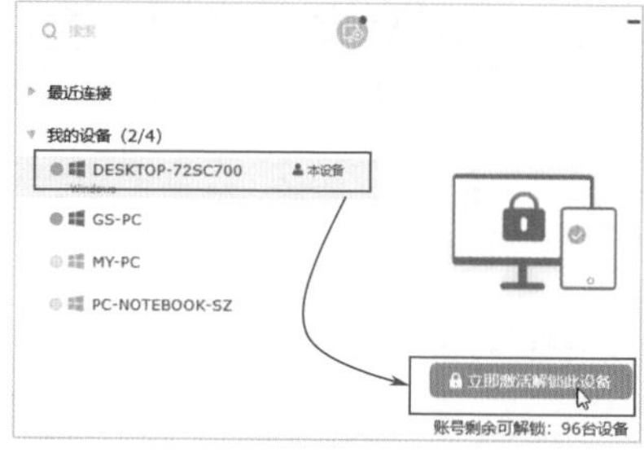

图7-29

在被控端选择“高级设置”选项卡中的“安全设置”，单击“临时密码和安全密码都可以使用”单选按钮，为该设备配置安全密码，单击“确定”按钮，如图7-30所示。在主控端上单击鼠标右键，选择“编辑”选项，如图7-31所示。

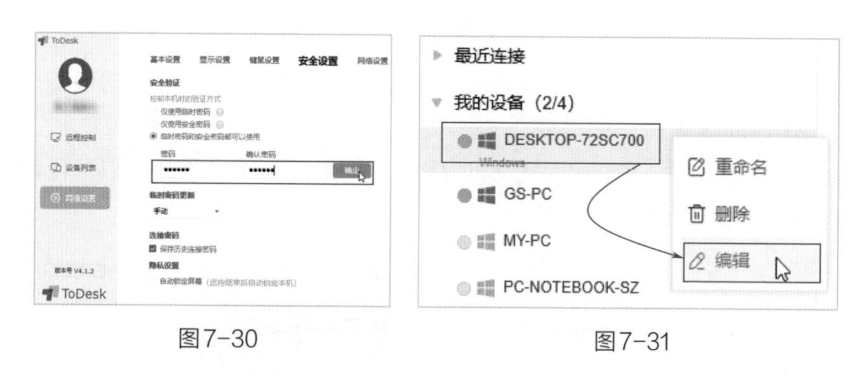

图7-30

图7-31

为该设备输入容易分辨的名字，选择分组后，输入刚才设置的密码，单击“确定”按钮。这样下次只要双击该设备就可以直接连接而不用输入密码了。当设备上线时，用户不仅会收到提示，设备名也会变成可操作的彩色状态。

解锁后，选中该设备，还可以在右侧的功能选项中执行文件传输、仅观看对方操作、锁屏、查看对端摄像头、启动命令终端、重启及关机等操作，如图7-32所示。

远程值守的最后一步就是让TD开机启动，可以在“高级设置”的“基本设置”中，勾选“开机自动启动”，如图7-33所示，并设置终端禁止睡眠，如图7-34所示。

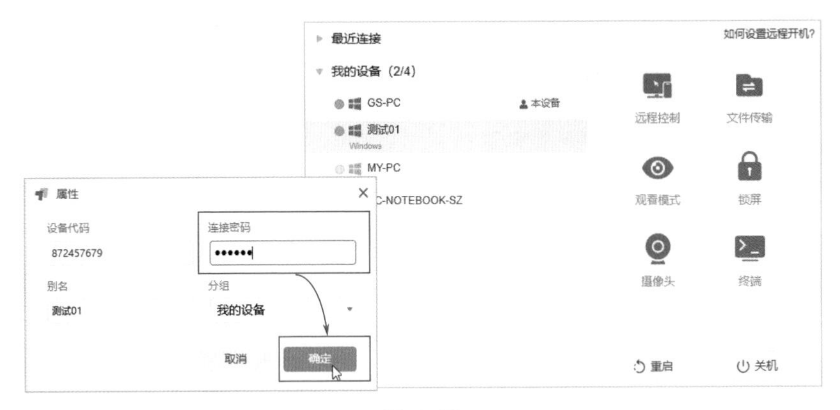

图7-32

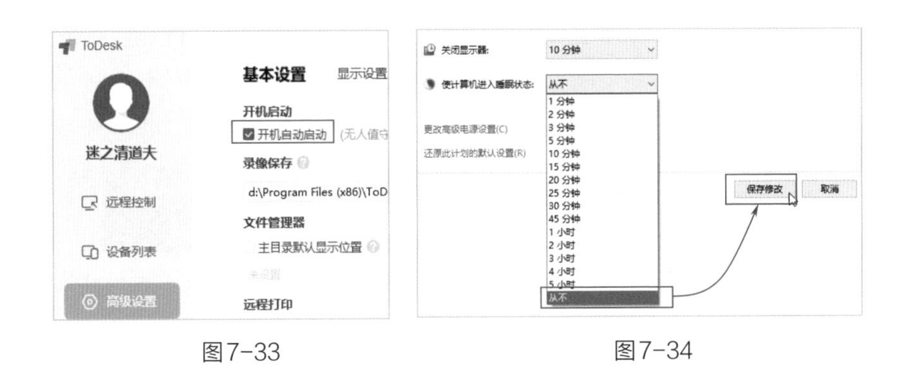

图7-33　　图7-34

注意事项:

睡眠或休眠的电脑无法接收到TD的指令，故无法活动，相当于锁死，所以需要关闭睡眠或休眠。可以在Windows的电源管理中禁用睡眠或休眠。

7.2.3　ToDesk传输文件

TD的普通用户以前无法传输大文件，经过策略的调整，现在登录后可以传输任意文件，而且速率非常快。和TV一样，TD支持复制粘贴传输，也支持拖拽传输，如图7-35所示。还可以使用“文件传输”模式传输文件，如图7-36所示。

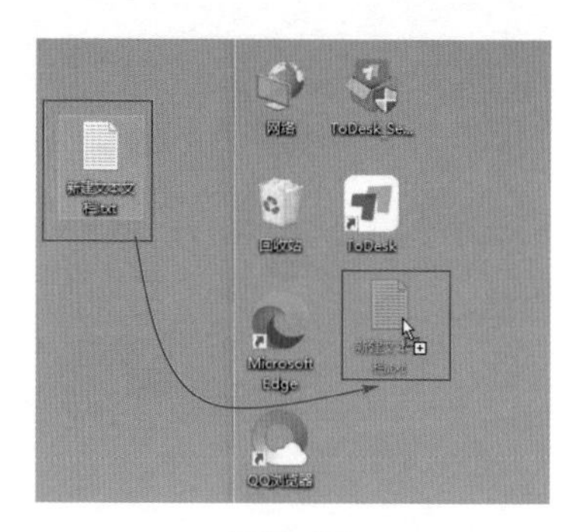
图7-35

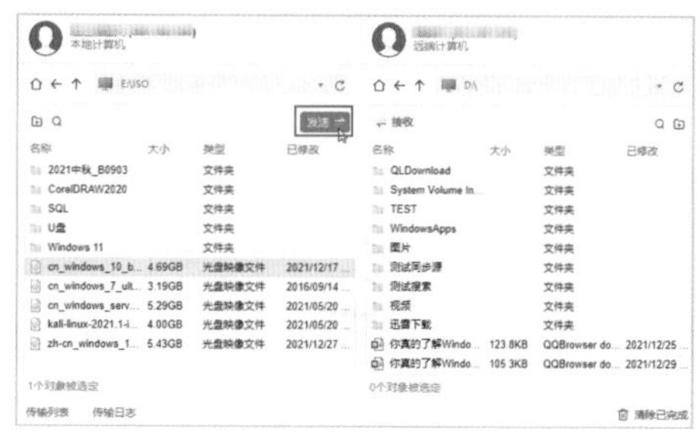
图7-36

7.2.4 ToDesk远程桌面连接设置

在远程桌面连接时也有很多功能可以使用。TD一次可以连接多个桌面，和浏览器的选项卡类似，可以切换查看。单击下拉按钮，可以查看TD的功能菜单，如图7-37所示。

图7-37

（1）“动作”选项卡

在“动作”选项卡中，可以执行锁定计算机、发送组合键、禁用被控端键盘鼠标、启动或关闭共享剪贴板、重启计算机及注销计算机等操作，如图7-38所示。

（2）“显示”选项卡

在“显示”选项卡中，可以设置远程画面显示的清晰度、分辨率、缩放模式、是否显示远程鼠标、是否启用隐私屏、是否以窗口模式锁定鼠标（鼠标只能在远程桌面的显示框中移动），如图7-39所示。

知识链接：

操作远程桌面时，所有的操作，被控端的显示器都会同步显示。为了防止隐私泄露，可以启动隐私屏，这样被控端只能看到如图7-40所示画面。如果隐私屏显示被中断，主控端会收到信息。

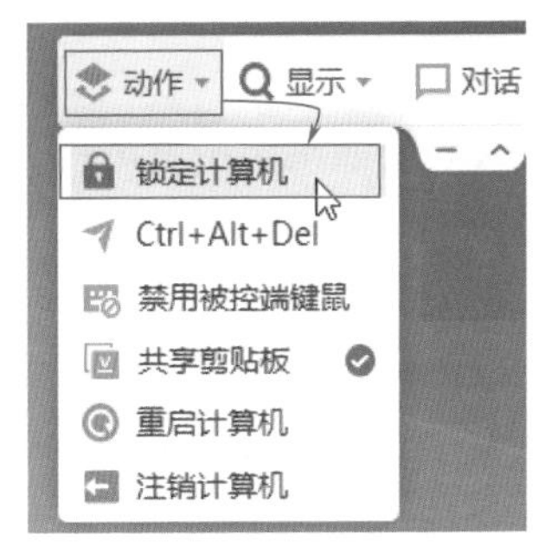

图7-38

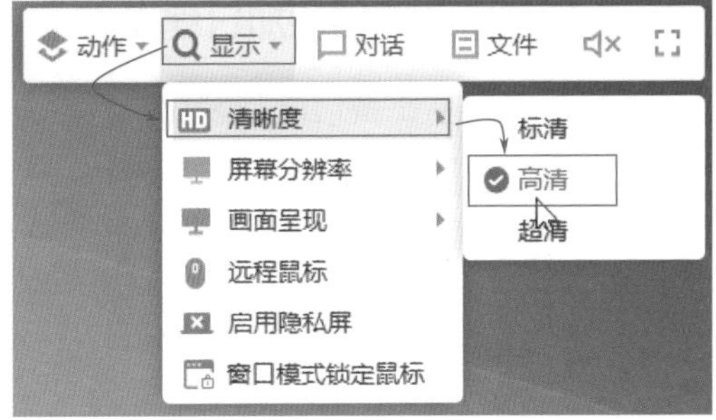

图7-39

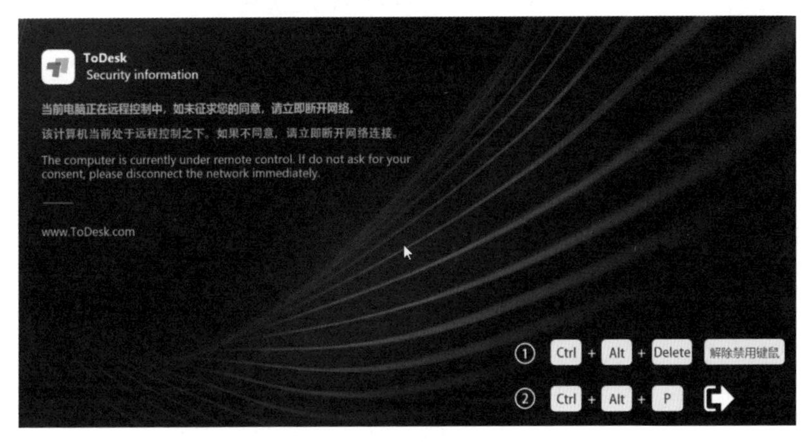

图7-40

（3）其他功能

单击“对话”按钮可以启动对话框与被控端聊天。单击“文件”按钮可以启动“文件”传输对话框传输文件。单击“喇叭”按钮可以开启与禁用聆听被控端声音的功能。单击“全屏”按钮，可以将被控窗口最大化。

7.3 使用企业微信进行远程办公

日常办公中经常会使用钉钉、企业微信以及其他专业的OA软件来处理一些紧急事务，实施资源共享等操作，以提高员工的办公效率。下面就以企业微信为例，来介绍这类办公软件的使用方法。

7.3.1 使用企业微信添加日程安排

下载并安装企业微信电脑端后，登录并加入公司通讯录中就可以进行各类操作了。例如可以添加工作日程，防止遗忘某些重要的任务，并且在日期到来时收到提醒。在“日程”选项卡中单击“新建日程”按钮，输入日程的标题、内容并选择人员等，单击“保存”按钮，如图7-41所示。

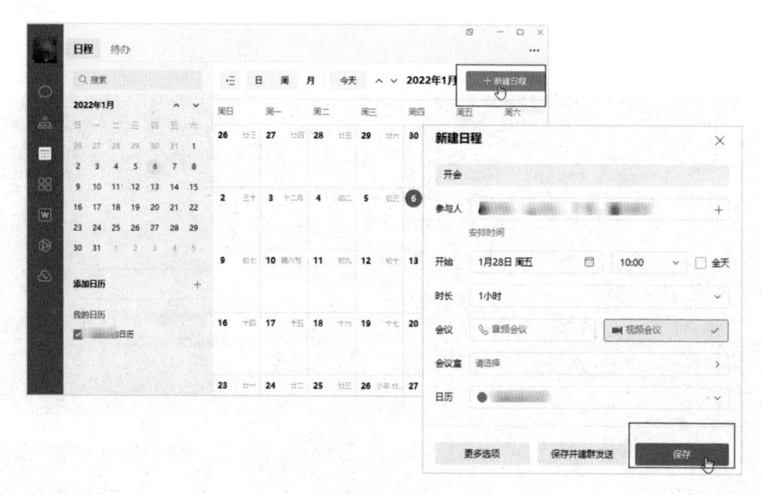

图7-41

在日历上会显示该日程。单击该日程可进行转发、编辑、删除等操作，如图7-42所示。

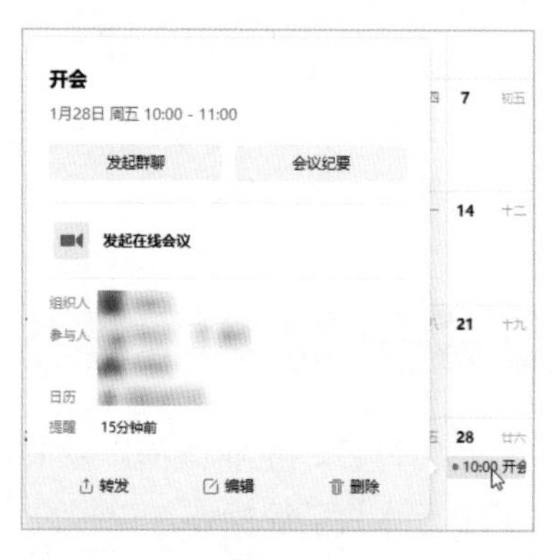

图7-42

知识链接：

在企业微信中发送消息，其方式与QQ、微信相同。在通讯录中找到相关人员，单击“发消息”按钮即可进入消息界面，输入消息内容后单击“发送”按钮即可。

7.3.2 创建办公文件

在企业微信中可以创建各类工作文档或表格文档，如人员排班表、仓库统计表、各类规章制度文档等，以方便各部门人员查看和执行。

在主界面中单击“微文档”按钮，在“新建”界面中根据需要选择文档类型，或者单击所需的文档模板，如“排班表”文档。在打开的表格中输入排班的人员和时间，如图7-43所示。

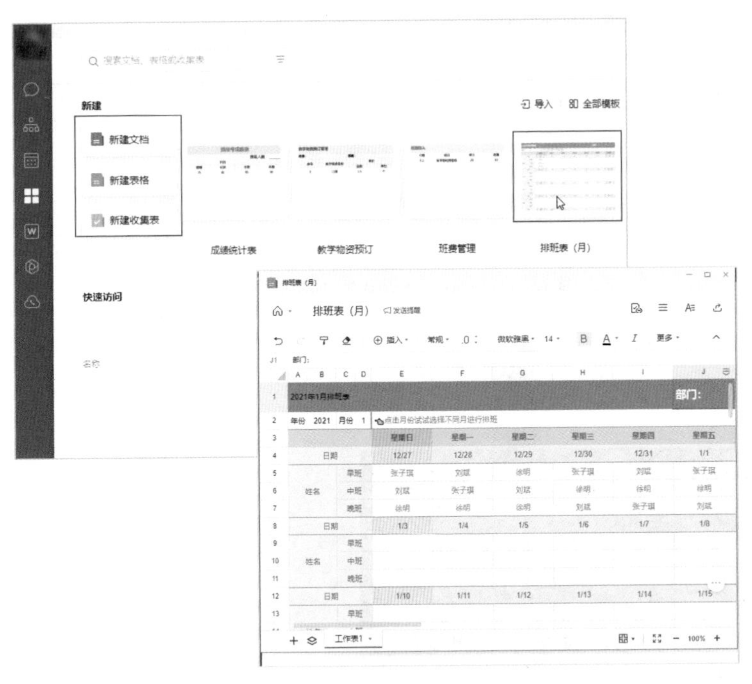

图7-43

创建好后，可在“微文档”主界面查看该文件，也可通知当班人员查阅，还可以将该表格设置阅读权限并分享给其他人。

7.3.3 共享文件

在“微盘”选项卡中可以上传文件等，默认空间是100GB。文件可以自己使用，也可以共享给其他人，或者新建共享空间存放文件。该功能非常适合在远程办公和协作时使用，如图7-44所示。

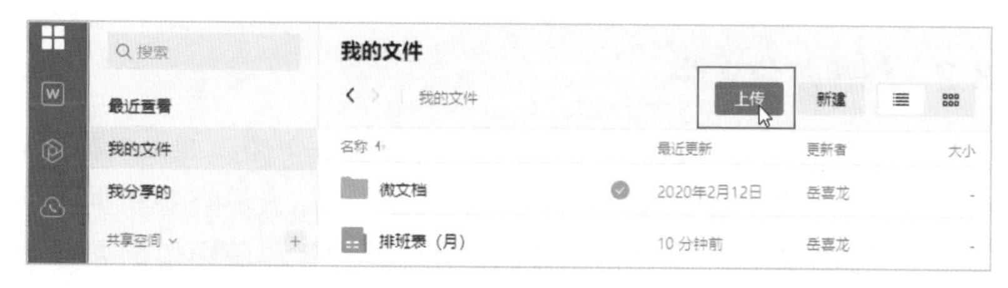

图7-44

7.3.4 召开远程会议

使用远程办公软件较为方便的一点就是可以随时召开远程会议。这对于出差在外的人员来说非常方便，不必赶到会议现场，只需一台电脑或一部手机就可参会。

单击“会议”选项卡，在弹出的“会议”对话框中单击“快速会议”按钮，选择“视频会议”选项。会议功能启动后，单击“添加成员”按钮，可邀请其他人参加，如图7-45所示。

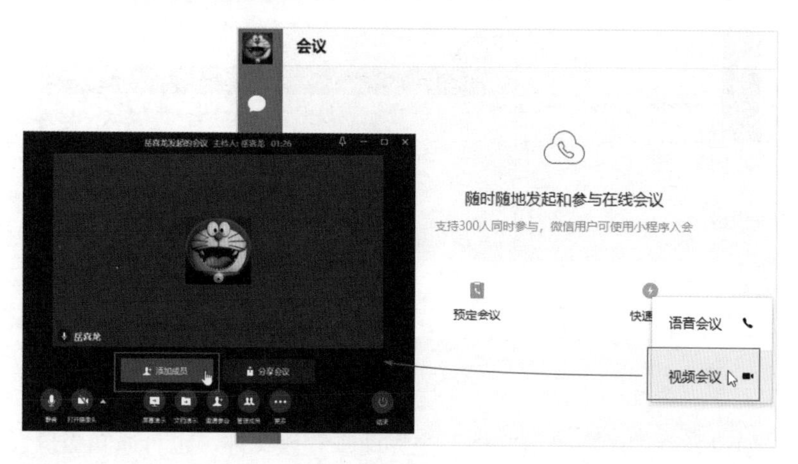

图7-45

在会议中还可通过界面下方按钮来进行开启或关闭麦克风和摄像头、共享桌面、演示PPT、邀请及管理参会人员等操作。

在电脑端的“工作台”中，用户可以进行收款、直播课程、与上下游客户沟通、发布公告、审批申请、发送企业邮件、投屏等操作，非常方便。

7.4 直播软件的使用

使用直播软件可以在线直播，例如直播游戏、软件操作等。现在较为常用的直播平台有很多。下面以斗鱼直播平台为例，来介绍直播软件的使用方法。

7.4.1 启动及收看直播

要使用斗鱼直播，需要先注册斗鱼直播的账号，然后下载并安装直播客户端软件“斗鱼直播伴侣”，因为其是该平台的软件，所以登录账号后，就可以开启直播了。

启动“斗鱼直播伴侣”，登录账号，单击“直播屏幕”按钮，选择直播的显示内容，单击“开始直播”按钮，如图7-46所示。

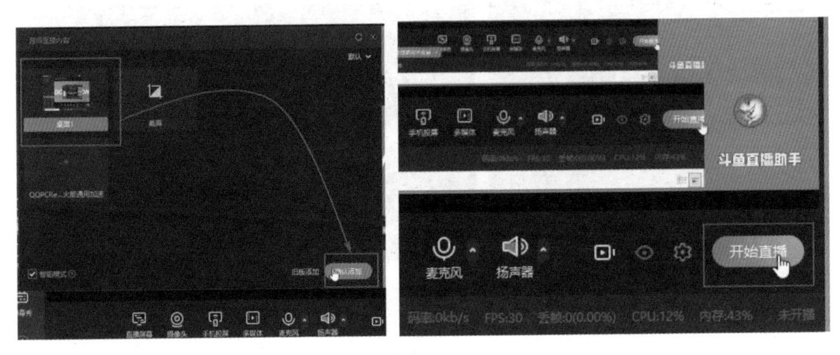

图7-46

直播后，可以通过单击右上角的“分享”按钮分享给其他人，如图7-47所示。在别人获取到链接后，打开即可观看直播，如图7-48所示。

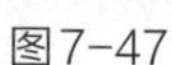
图7-47

图7-48

知识链接：

直播界面中的各板块都可以根据需要自由移动到直播屏幕的其他位置，将主位留出来用于展示。

7.4.2 直播高级设置

在直播中可以通过左侧的“工具箱”来实现更多功能，如管理弹幕、管理直播间、查看主播任务、与观众视频连麦等，如图7-49所示。

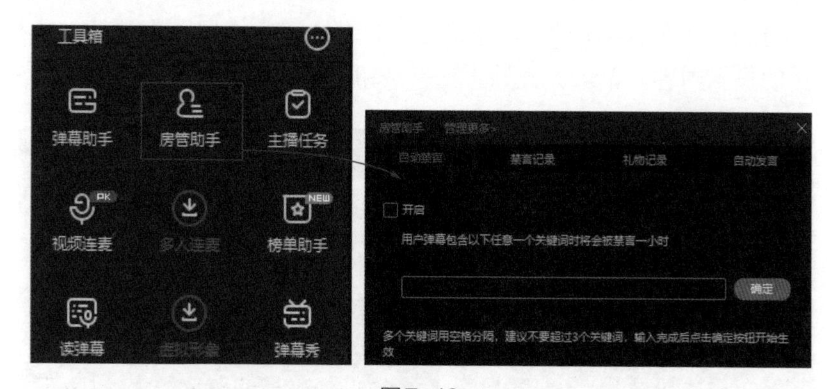

图7-49

单击右下角的“设置”按钮，可以设置直播间的参数，包括调节直播画质，设置声音、快捷键等，如图7-50所示。

注意事项：

直播完毕，记得单击“关闭直播”按钮来关闭直播，以免泄露隐私。

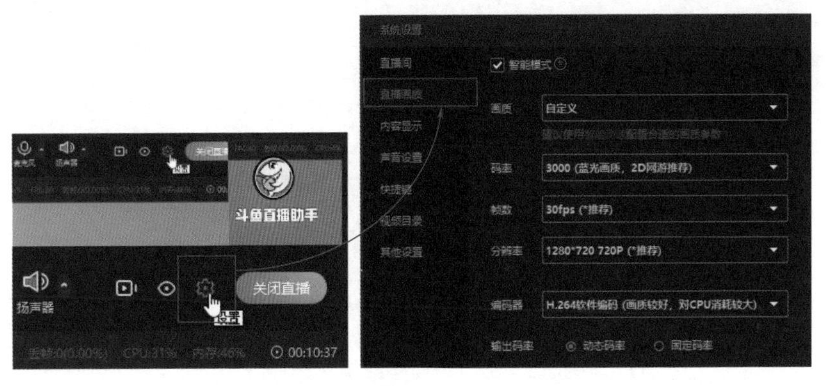
斗鱼直播助手
扬声器
关闭直播
设置
CPU:31%
内存:46%
00:10:37
系统设置
直播间
直播画质
内容显示
声音设置
快捷键
视频目录
其他设置
智能模式
画质
自定义
码率
3000（蓝光画质，2D网游推荐）
帧数
30fps（*推荐）
分辨率
1280*720 720P（*推荐）
编码器
H.264软件编码（画质较好，对CPU消耗较大）
输出码率
动态码率
固定码率
图7-50

扫码观看
本章视频

第8章 杀毒防毒软件

要保持终端稳定健康运行，除了养成良好的使用习惯外，还要预防恶意代码、病毒和木马对终端的侵害。作为办公人员，必须要有一定的安全意识和威胁防范意识，抵御可能遇到的各种风险。本章将向读者介绍一些在办公中可能遇到的安全问题和防范手段。

8.1 办公中面临的主要安全问题

办公中会接触大量的应用程序和文件，安全风险主要来自它们。不同的终端有不同的风险表现形式和处理方法。下面介绍在不同终端办公时遇到的一些安全问题和处理方法。

8.1.1 电脑端主要面临的威胁和表现形式

电脑端是病毒和木马主要的活动平台，而且随着网络的发展，信息安全问题也越发突出。下面重点介绍电脑面临的威胁及其表现形式。

（1）病毒和木马的威胁

病毒和木马的区别已经越来越不明显了。黑客通过木马入侵用户的电脑，获取各种信息，再通过病毒威胁用户以获利。较为出名的就是勒索病毒了，如图8-1所示。其他病毒还有脚本病毒、蠕虫病毒、系统病毒等。

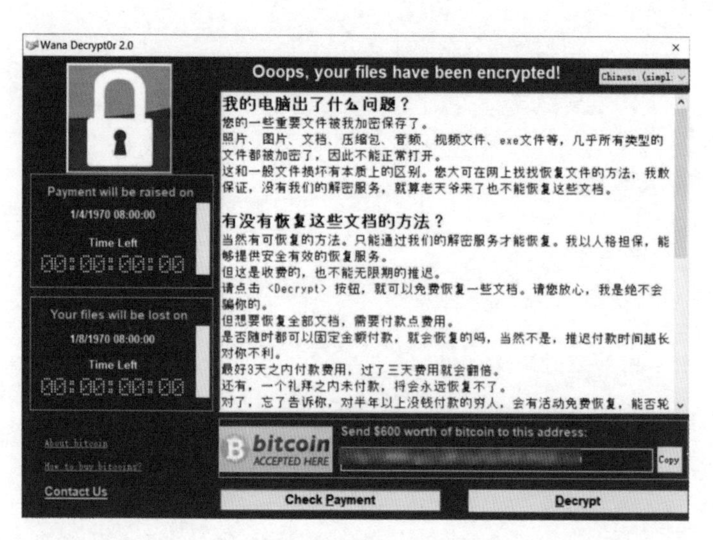

图8-1

勒索病毒是一个特例。在日常使用电脑过程中，如果遇到了以下情况，排除了硬件故障后，用户需考虑是否为病毒和木马的影响，并进行查毒和杀毒的操作。

- 电脑无法正常开机、无法启动引导、屏幕出现乱码、有可疑开机项目。
- 使用中响应速度慢、无故蓝屏、死机、重启、报错，磁盘经常占满或无响应。
- 文件图标异常、文件大小变成0、文件被恶意隐藏、文件名自动修改。
- 有些端口被打开、系统服务中有可疑服务。
- 主页网址被篡改，会弹出各种广告。
- 杀毒软件被恶意屏蔽或无法启动。

（2）网络攻击

对于个人用户来说，网络钓鱼是很常见的威胁。对于局域网用户来说，黑客可通过网络协议的漏洞，通过欺骗的形式获取用户设备的信任，从而获取用户传输的数据。无论是破解密码还是篡改数据，都会给用户带来一定的安全隐患。所以安装安全软件是十分必要的。

（3）恶意软件的威胁

用户在网上获取软件时，一定要使用其官方网站提供的软件。在无法确定安全性的情况下，不要使用绿色版，尤其是破解版软件。一些第三方的平台会提供捆绑病毒或木马程序及各种流氓软件的下载。有些恶意软件还会隐藏在系统中，定期自动下载其他软件，处理起来相当麻烦。

（4）人为因素的威胁

以上介绍的威胁都可以通过技术手段防范或解决，而人为因素是最复杂、最不可控的。尤其是办公人员的电脑，有可能被其他用户使用，不仅带来信息泄露的风险，而且以上各种问题都有可能产生。所以在非必要的情况下，电脑还是专人专用，也可以为不同的使用者设置不同的账号和权限。对于自己使用的电脑，设置好密码，密码符合复杂性要求，离开电脑后锁定屏幕，在一定程度上可以预防人为因素的影响。

（5）电脑故障的威胁

对办公人员来说，数据是最宝贵的，所以在电脑的各种故障中，硬盘的故障尤其危险。其他硬件损坏了都可以更换，但硬盘的损坏会对办公人员带来重大的影响。前面章节也介绍了一些数据恢复的方法，但使用这些方法的前提是硬盘是可用可读的。如果硬盘无法读取，尤其是固态硬盘，那只能求助专业人士了，并且没有人可以确保数据能完全恢复。

总结以上几点，建议用户在日常使用电脑时，一定要养成良好的使用习惯，在固态硬盘安装系统和软件，将重要的资料尽可能放在机械硬盘上。另外，要养成多处备份的习惯，结合网盘和同步软件，尽可能地提高数据的安全性。

同时，定期检查硬盘的健康状况，如果硬盘发生故障或者产生坏道，应及时更换硬盘。

8.1.2 手机端主要面临的威胁和表现形式

手机端办公主要是查看各种文件、通过各类办公App进行接收任务、上报任务、开视频会议、打卡签到等操作。

利用手机端办公时，也会遇到很多威胁，而威胁本身针对的是手机，包括以上介绍的病毒和木马威胁、网络攻击、恶意软件等，最严重的是威胁手机的支付功能。很多威胁针对的是手机中的底层系统，通过控制手机达到获利的目的。

图8-2　　图8-3

手机在中毒或被恶意入侵后，会出现卡顿、自动打开定位、自动联网、自动获取验证码等情况。

在手机出现问题后，用户需要检查手机是否安装了恶意App，然后查看手机是否被ROOT了，如图8-2所示，查看开发者模式是否被打开了，如图8-3所示。

知识链接：

“ROOT权限”可以理解为系统最高权限。如果被ROOT了，则可以对手机做很多底层操作。“开发者”模式也可以对全局设置进行修改。两者本身都没有问题，都赋予了安卓系统巨大的可操作性，但被恶意软件获取权限后，就非常危险了。

此外，可使用手机安全软件检查是否被ROOT和是否有其他风险，并对手机进行杀毒操作。

8.2 常用杀毒防毒软件的使用

现在的杀毒软件都包含了防毒功能，在运行时，可实时监控文件的使用。一旦文件和病毒库中的某属性特性相同，则会被判断为病毒，并进行隔离，从而起到防毒杀毒的目的。本节将介绍杀毒防毒软件的使用方法。

8.2.1 使用卡巴斯基防毒杀毒

卡巴斯基是非常出名的一款防毒杀毒软件。用户可以搜索并登录卡巴斯基的官网，下载“卡巴斯基安全软件”的试用版，如图8-4所示。

图8-4

安装后，按照提示激活试用版，就可以使用卡巴斯基保护电脑了。

（1）升级病毒库

病毒库是安全厂商基于病毒特征而汇总出的一整套病毒判断的方法和规则。通过与病毒库比较，从而判断出文件、代码等是否属于病毒；然后根据预定的方案采取各种措施。所以在安装了杀毒软件后，先要更新病毒库，并在此之后定期更新病毒库。

打开卡巴斯基，在主界面上单击“数据库更新”按钮，如图8-5所示。

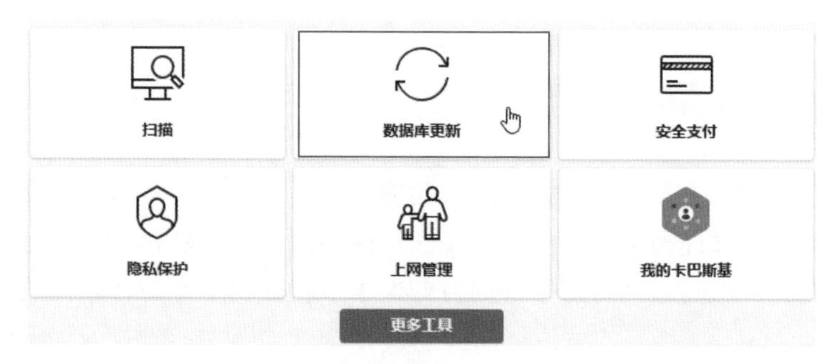

图8-5

在打开的更新界面中单击“运行更新”按钮，卡巴斯基会自动进行升级操作，如图8-6所示。

图8-6

（2）查杀病毒

查杀病毒永远是安全软件的最核心内容。启动软件，在主界面中单击“扫描”按钮，如图8-7所示。

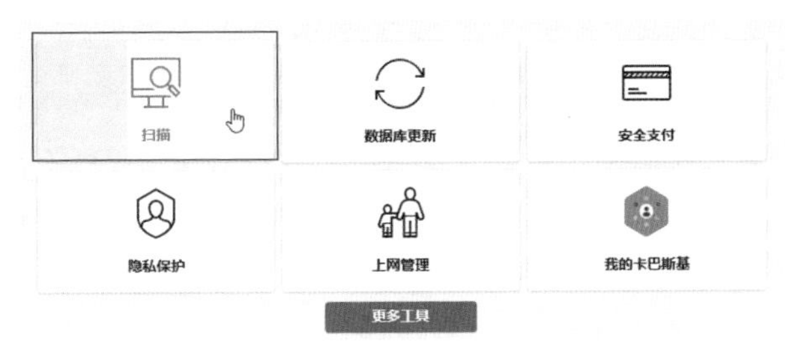

图8-7

选择杀毒的模式，在“快速扫描”中单击“运行扫描”按钮，卡巴斯基会自动进行扫描，如图8-8所示。

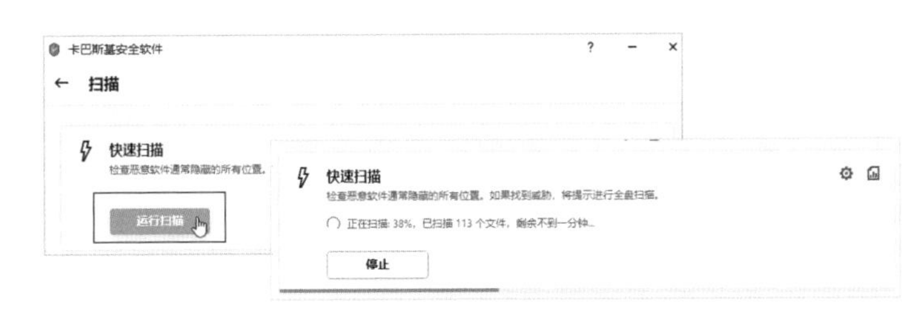

图8-8

扫描完成后，会弹出扫描结果，如图8-9所示。

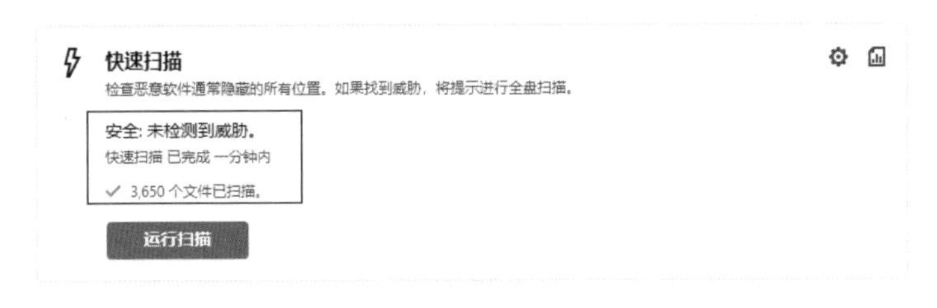

图8-9

卡巴斯基包含很多模式，介绍如下。

- 快速扫描：对内存、启动对象和引导扇区进行杀毒，速度快，但不全面（建议隔几天一次）。
- 全盘扫描：包括快速扫描的内容，还包括系统卷信息、硬盘中所有文件和所有外部设备（每周一次即可）。
- 可选择扫描：可以手动指定扫描的位置，更加灵活（根据实际情况自己配置）。

- 后台扫描：对系统内存、系统分区、磁盘引导扇区、启动对象和rootkit进行扫描，无须干涉，是系统定时的查毒操作，无须设置。

在每个扫描卡的右上角都有对应的“⚙”（设置）按钮，单击该按钮后，可以进入到该杀毒模式的设置界面。

（3）使用卡巴斯基进行漏洞扫描

卡巴斯基可以对系统进行全方位扫描，以确定是否存在漏洞。在“扫描”功能中可找到“漏洞扫描”板块，单击“运行扫描”按钮，如图8-10所示。

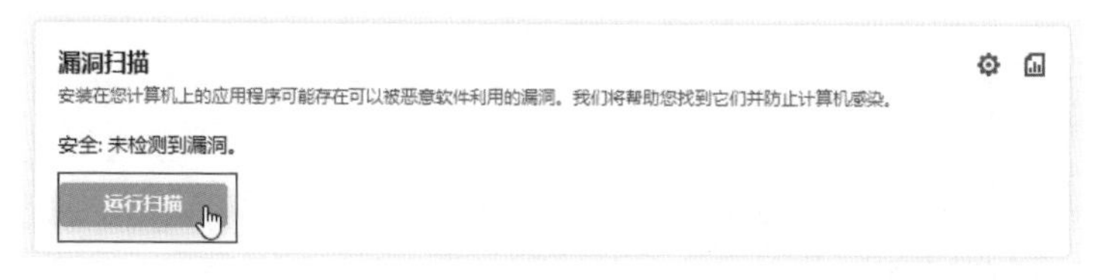

图8-10

软件会对系统和应用程序进行扫描，以查看是否有漏洞存在，如图8-11所示。如果有漏洞，会报告并修复；如果没有漏洞，则会弹出安全提示。

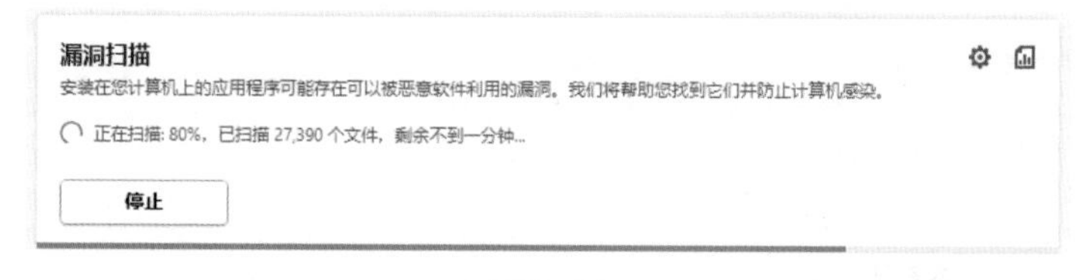

图8-11

（4）使用卡巴斯基限制程序

卡巴斯基除了具有查毒杀毒功能外，还有防火墙功能，可以限制程序联网，还可以禁止程序运行。

在主界面中单击“更多工具”按钮，如图8-12所示。

从“管理应用程序”选项卡中单击“应用程序控制”链接。在“应用程序控制”界面中可查看到当前运行的应用程序和系统资源的使用情况。单击“管理应用程序”链接，如图8-13所示。

图8-12

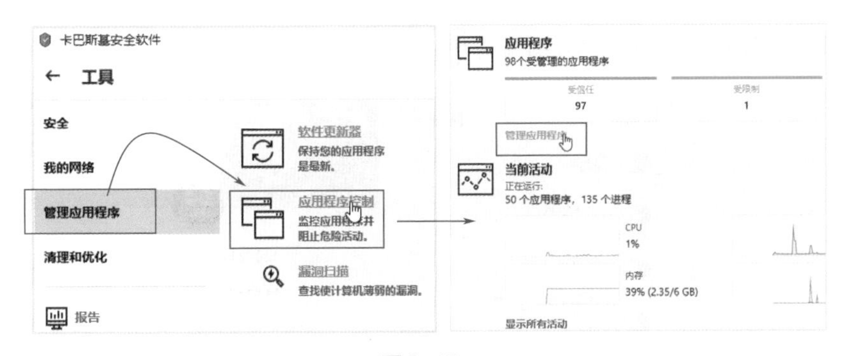

图8-13

在“管理应用程序”界面中，可以查看到最近运行的程序，已经按照软件厂商进行了分类，如图8-14所示。展开厂商的下拉列表，找到需要限制的应用程序，将“启动”列对应的“已允许”功能按钮设置为“已阻止”状态，如图8-15所示。

图8-14

图8-15

此时再启动该程序，会报错，无法启动该程序，如图8-16所示。

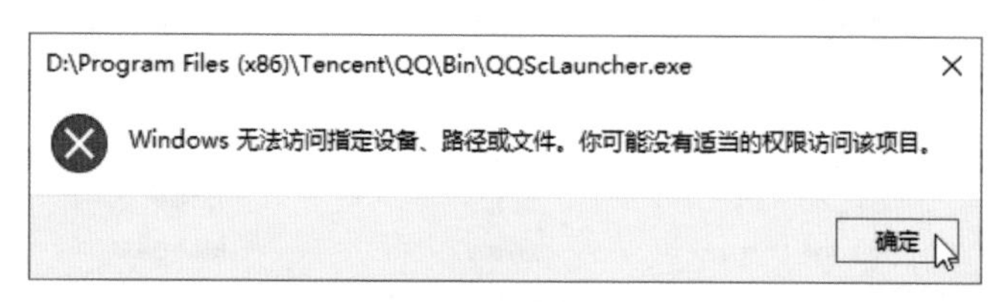

图8-16

将QQ程序恢复成可以启动的状态。在“网络”列，将其中的“允许”状态修改为“拒绝”。此时再启动QQ，会弹出登录超时的提示，说明该软件已经被防火墙限制联网了，如图8-17所示。

图8-17

知识链接：

如果应用程序不在列表中，可以先启动应用程序，之后其就在列表中出现了。

（5）通过卡巴斯基监控网络

禁止程序联网只是防火墙功能的一部分。除此功能外，卡巴斯基还可以监控网络。在“更多工具”中选择“我的网络”选项卡，单击“网络监控”链接，通过左侧的选项卡，可以查看当前的网络活动、计算机开放的端口、流量使用情况以及已阻止连接的计算机，如图8-18所示。

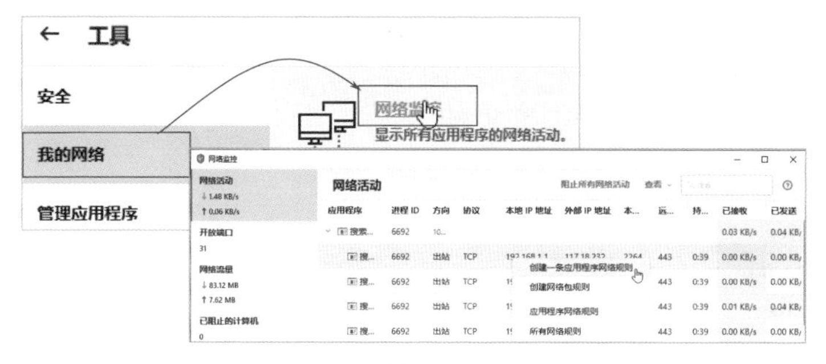

图8-18

（6）通过卡巴斯基进行上网管理

对于需要进行上网管控的用户来说，卡巴斯基的“上网管理”功能非常实用。下面介绍该功能的设置及使用方法。

在主界面中，单击“上网管理”按钮，在“创建密码”界面中单击“创建密码”按钮，创建密码保护管理功能，如图8-19所示。

图8-19

卡巴斯基会列出当前系统的用户，单击用户名称下的“配置限制”链接。在“计算机”选项卡中，配置该账户可以使用计算机的时间段。在“应用程序”选项卡中，可以设置允许启动的应用程序，如图8-20所示。

知识链接：

单击“限制应用程序使用”下的“设置”链接，可以启动设置界面，将程序设置为不允许启动，如图8-21所示。

图8-20

图8-21

在“互联网”选项卡中可以设置允许连接互联网的时间、阻止的网站类型以及阻止文件下载的选项，如图8-22所示。在“内容控制”选项卡中可以勾选“阻止向第三方传输个人数据”复选框，并编辑个人信息的内容。通过该设置可以提高个人信息的安全性，如图8-23所示。

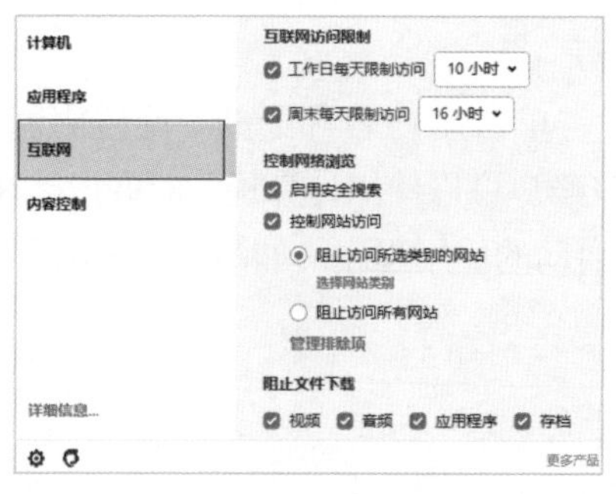

图8-22

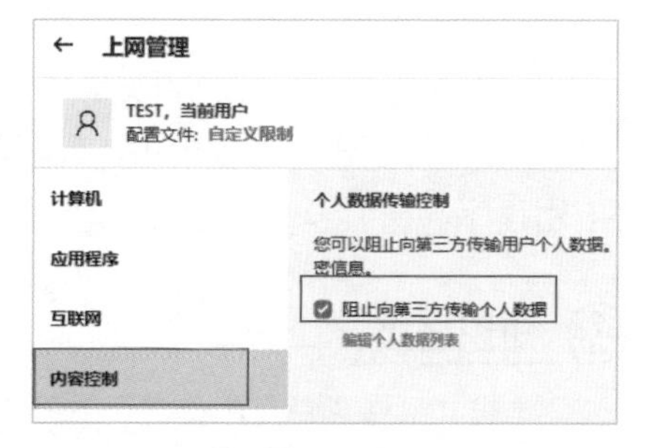

图8-23

所有设备都配置完毕后，返回到账户列表中，启用该账户的控制，如图8-24所示。至此上网管理功能就配置完毕了。

图8-24

☆8.2.2 使用火绒安全软件防毒杀毒

国产安全软件中口碑比较好的是火绒安全软件（简称火绒）。火绒是一款集杀防管控为一体的安全软件，有面向个人和企业的产品。针对国内安全趋势，厂家自主研发了高性能反病毒引擎。可以在百度中搜索并进入其官网，下载对应的程序并安装。下面重点介绍火绒安全软件的使用方法和技巧。

（1）使用火绒安全软件杀毒

火绒安全软件完全免费，而且没有广告，无须注册就可以使用全部的功能。下载安装后，进入到主界面中，单击“▲”按钮，将火绒病毒库升级到最新版本，如图8-25所示。在主界面中，单击“病毒查杀”按钮，如图8-26所示。

图8-25

图8-26

从弹出的列表中单击“快速查杀”按钮，火绒会对系统关键区域进行快速查杀，如图8-27所示，完成后会弹出查杀结果提示。

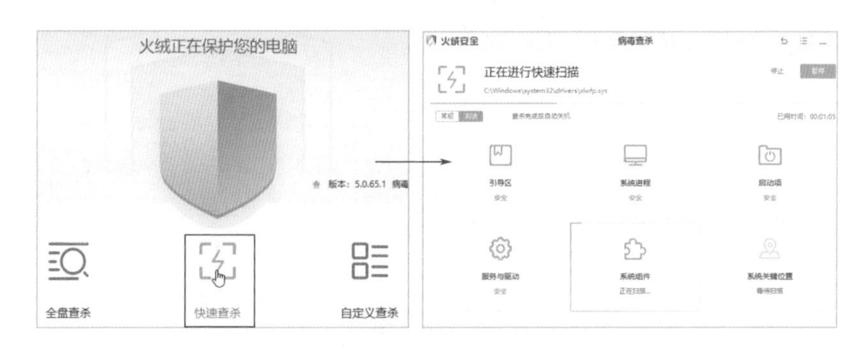

图8-27

知识链接：

和卡巴斯基的分类类似，火绒分成快速查杀、全盘查杀和自定义查杀。

（2）使用火绒安全软件控制上网时段

由于是国产软件，火绒更符合国内用户的使用习惯，功能划分也非常清晰，并可以实现多种访问控制。

在主界面中，单击“访问控制”按钮，在“访问控制”界面中单击“上网时段控制”，如图8-28所示。

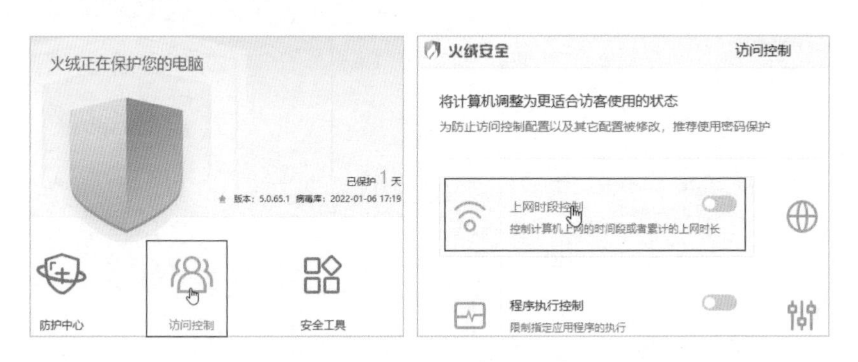

图8-28

默认是全部允许上网，使用鼠标选择不允许上网的时间段，如图8-29所示。

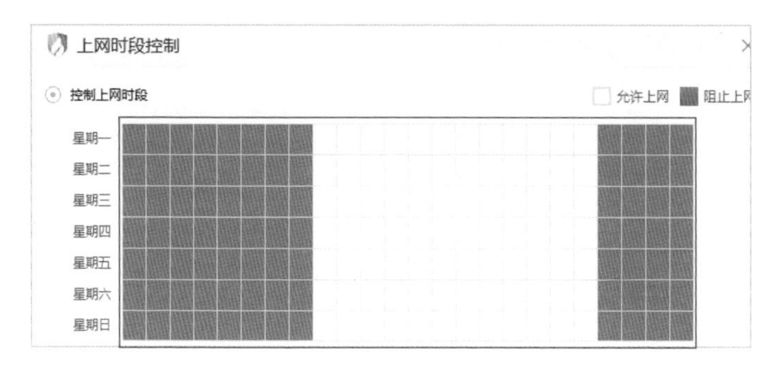

图8-29

返回到“访问控制”界面中，启动“上网时段控制”按钮，如图8-30所示。

图8-30

注意事项：

建议使用“访问控制”功能的用户启动密码保护这些设置，以防止被其他人员修改。

（3）使用火绒安全软件控制上网内容

火绒的上网控制功能非常灵活，不仅有默认的分类，而且可以根据用户的实际情况设置禁止访问的网站。

在“访问控制”界面中单击“网站内容控制”链接，按需求启动软件默认的分类。如果还有其他网站，单击“添加网站”按钮，如图8-31所示。

图8-31

输入规则名及不允许访问的网站，保存后，启动该规则，如图8-32所示。

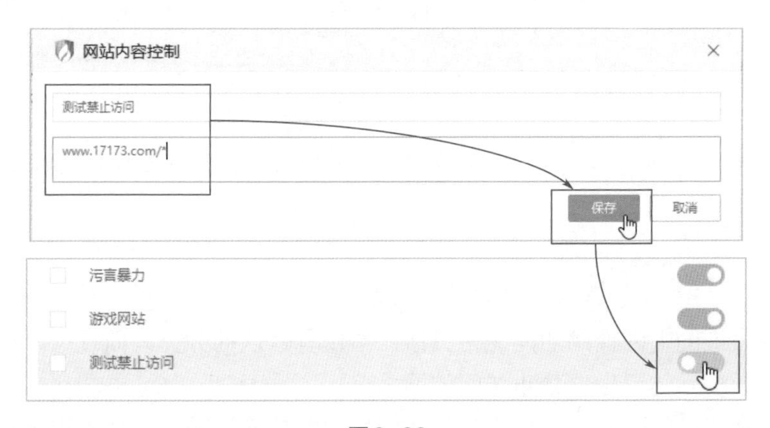

图8-32

返回到"访问控制"界面中，开启"网站内容控制"功能，使用浏览器访问刚才设置的网站，可以看到被拦截的提示，如图8-33所示。

图8-33

（4）使用火绒安全软件控制程序的运行

和卡巴斯基类似，火绒安全软件也可以控制程序的运行。

在“访问控制”界面中，进入“程序执行控制”功能板块，启动需要禁止的程序的功能按钮。如果要指定其他程序，单击“添加程序”按钮，如图8-34所示。

图8-34

找到需要控制的程序，选择后单击“保存”按钮，如图8-35所示。返回上一层界面，启动“程序执行控制”功能按钮。

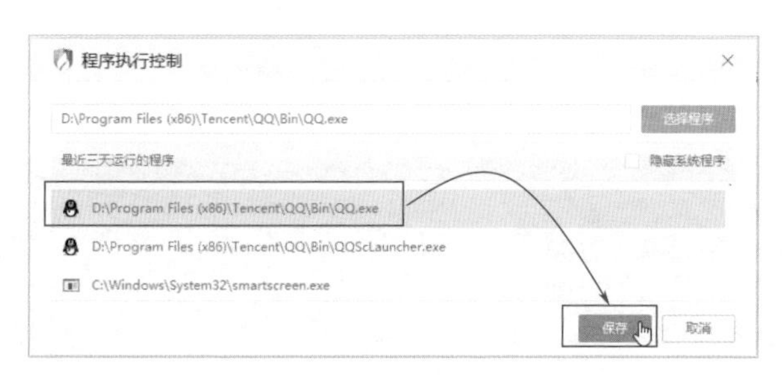

图8-35

双击并启动该程序，会在桌面右下角弹出禁止提示，如图8-36所示。

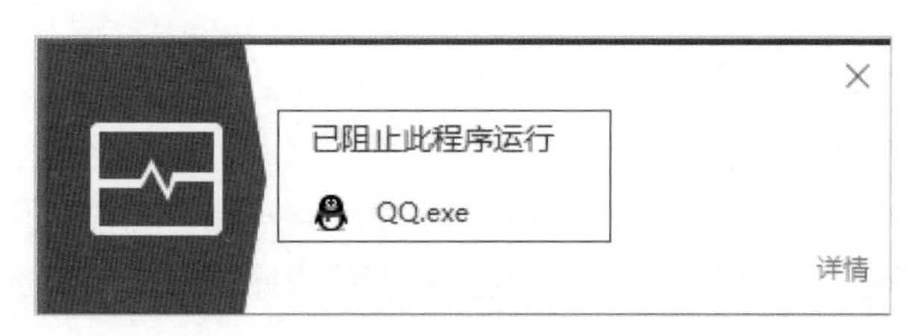

图8-36

知识链接：

除了以上几种控制外，火绒的访问控制还提供U盘使用控制。启动该功能后，插入U盘，可以将U盘设置为信任设备，只有信任的U盘才允许读取，其他U盘不允许操作，以保证系统的安全。

（5）使用火绒安全软件限制可疑程序联网

火绒安全软件本身也有防火墙的功能，可以限制程序联网和设置程序的网速。如果遇到可疑程序，可以限制其联网。

在主界面中，单击“安全工具”按钮，在“安全工具”中找到并单击“流量监控”按钮，如图8-37所示。

从“流量监控”界面可以查看到此时联网的程序、网速以及当前的连接数。如果发现了可疑程序，可以单击该行的“操作”按钮，如图8-38所示。

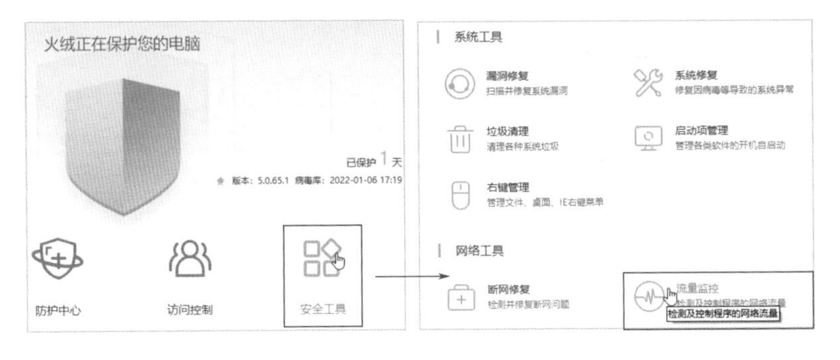

图8-37

火绒安全 - 流量监控

下载速度：0B/s 上传速度：909B/s

实时流量 历史流量

程序名称	程序类别	下载速度	上传速度	连接数	操作
QQ.exe 腾讯QQ	应用程序	0B/s	46B/s	23	
QQCallvl.exe 腾讯QQ	应用程序	0B/s	0B/s	1	
QQPCRealTimeSpee... 电脑管家-小火箭	应用程序	0B/s	0B/s	1	
QQPCRTP.exe 电脑管家-实时防护服务	应用程序	0B/s	0B/s	1	

限制网速
定位文件
文件属性
结束进程

图8-38

如选择“限制网速”选项，可以为该程序设置上传、下载速率的最大值，以免其占用大量网络资源，如图8-39所示。

图8-39

知识链接：

选择“定位文件”选项可以定位到该程序在磁盘位置，选择“文件属性”选项可以查看文件的属性信息，选择“结束进程”选项可以将该进程关闭。

单击该程序的“连接数”，可以查看该程序的对外连接信息，从而判断该程序是否为病毒，如图8-40所示。

程序D:\Program Files (x86)\Tencent\QQ\Bin\QQ.exe共建立19个连接

安全状态	模块	连接协议	本地IP	本地端口	远程IP	远程端口	状态
数字签名文件	D:...\QQ.exe	TCP	127.0.0.1	4301	0.0.0.0	0	监听
数字签名文件	D:...\QQ.exe	TCP	192.168.1.11	9918	16	8080	连接 ×
数字签名文件	D:...\QQ.exe	TCP	192.168.1.11	9965	49	443	关闭

图8-40

（6）使用火绒安全软件的防护设置

在火绒安全软件的“防护中心”中，可以打开或关闭所有的防护功能，并且可以配置防护功能的参数。用户可以在主界面中单击“防护中心”按钮，如图8-41所示。

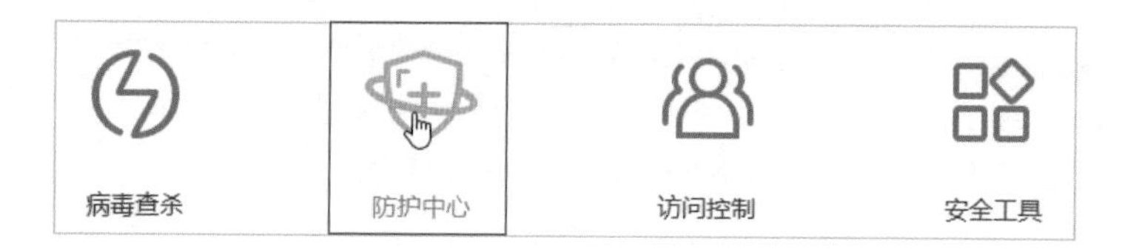

图8-41

在打开的界面中可以设置“病毒防护”“系统保护”和“网络防护”几大类的参数，还可以控制这些功能的开关，如图8-42所示。

知识链接：

设置时可以根据需要调节功能参数，建议先将设置导出做好备份。设置后需要测试该功能是否符合要求。如果设置出现问题而又不好排查，可以恢复或者导入之前的设置，这样比较安全。

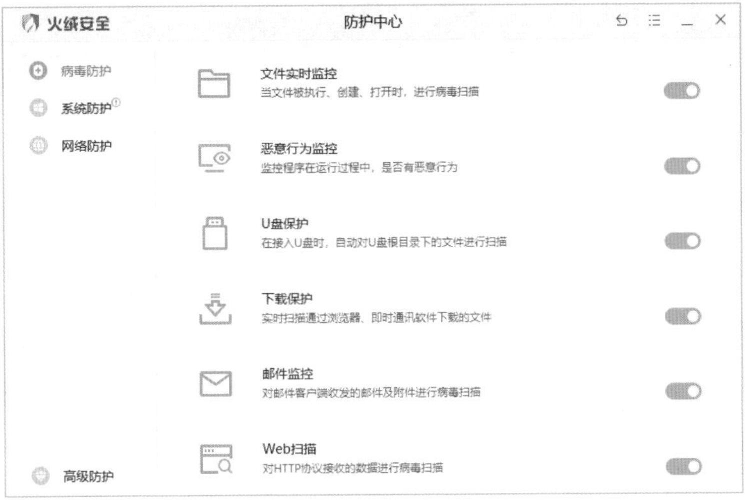

火绒安全 防护中心

病毒防护
系统防护
网络防护
高级防护

文件实时监控
当文件被执行、创建、打开时，进行病毒扫描

恶意行为监控
监控程序在运行过程中，是否有恶意行为

U盘保护
在接入U盘时，自动对U盘根目录下的文件进行扫描

下载保护
实时扫描通过浏览器、即时通讯软件下载的文件

邮件监控
对邮件客户端收发的邮件及附件进行病毒扫描

Web扫描
对HTTP协议接收的数据进行病毒扫描

图8-42

扫码观看
本章视频

第9章 系统管理及优化软件

系统在使用一段时间后可能会产生卡顿、反应慢等情况，排除了硬件故障和病毒引起的问题后，很多都和垃圾文件系统设置不当有关。本章将重点介绍如何清理垃圾文件，以及一些常见的优化操作。目的是让终端始终保持良好的运行状态，不会耽误工作且可以提高工作的效率。

9.1 系统清理工具的使用

电脑在使用过程中，或多或少都会产生垃圾文件。这些垃圾文件包括系统升级留下的补丁、各软件产生的临时文件、程序卸载不干净所产生的残留文件等。垃圾文件过多，占用了大量磁盘空间，给数据的写入和读取都增加了负担，间接造成了系统的卡顿，甚至会产生无响应或死机的情况。所以定期对电脑执行垃圾清理是非常必要的。

9.1.1 使用腾讯电脑管家清理电脑垃圾

比较常用的清理电脑垃圾的方式是使用360安全卫士或者腾讯电脑管家进行清理，清理步骤基本相同。下面以腾讯电脑管家为例，来介绍清理电脑垃圾的操作过程。

安装并启动腾讯电脑管家。在主界面中切换到“垃圾清理”选项卡，单击“扫描垃圾”按钮，如图9-1所示。

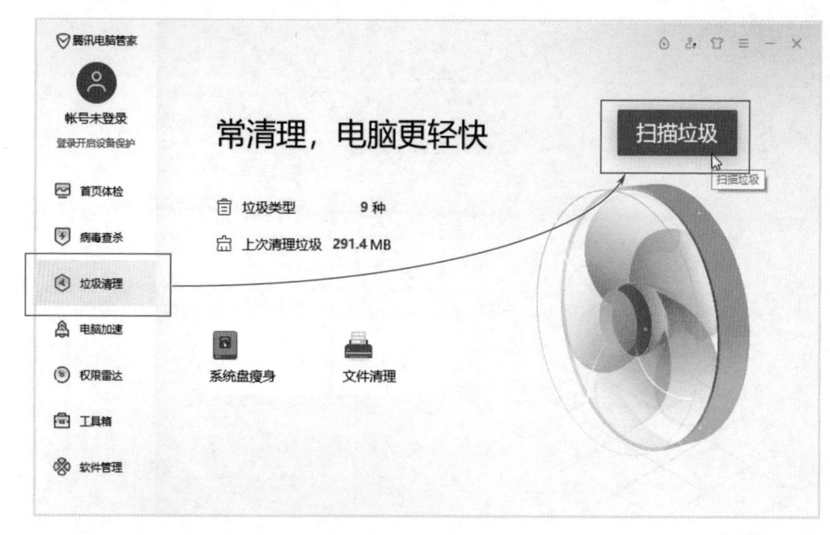

图9-1

腾讯电脑管家会对缓存、日志文件、临时文件等进行扫描，并将可以删除的文件进行归类，单击“放心清理”按钮，启动清理，如图9-2所示。

图9-2

知识链接：

除了清理系统垃圾文件，还可以清理聊天软件的缓存、上网缓存、软件缓存，以及使用痕迹和注册表垃圾条目、网游垃圾、下载的文件和恶意插件等。有时需要用户手动选择清理的内容，如图9-3所示。

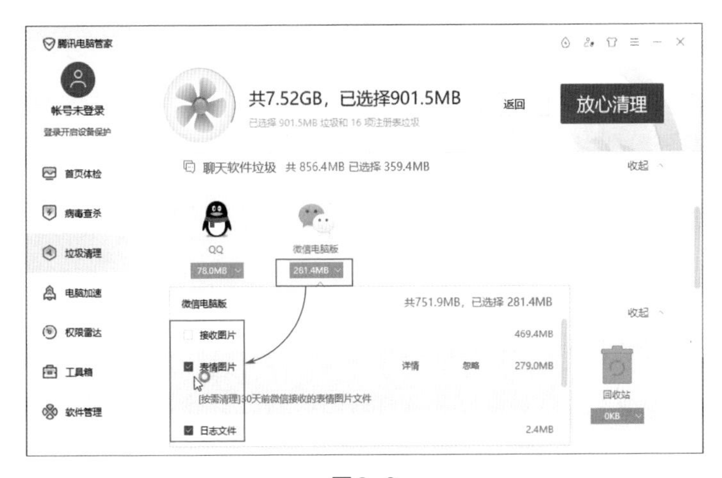

图9-3

完成后会显示此次清理报告。对于正在运行的软件，需在退出后执行自动清理。

☆9.1.2 使用CCleaner清理电脑垃圾

CCleaner是一款免费的系统优化和隐私保护工具，它的体积小、扫描速度快，支持自定义清理规则，扩大了应用程序清理范围，增强了效果。CCleaner是Piriform公司的广受好评的系统清理优化及隐私保护软件，它可以有效清除各种系统垃圾文件及应用程序垃圾，同时具备系统优化功能；可以对临时文件夹、历史记录、注册表冗余条目等进行清理；附带启动项管理、软件卸载功能。可以在百度中搜索并进入CCleaner官网下载并安装该软件。

（1）修改语言

安装后默认是英文版，需要手动修改为中文版。启动软件，从“Options”选项卡中进入“Settings”列表中，从“Language”列表中找到并选择“简体中文”选项，此时的界面则变为中文版界面，如图9-4所示。

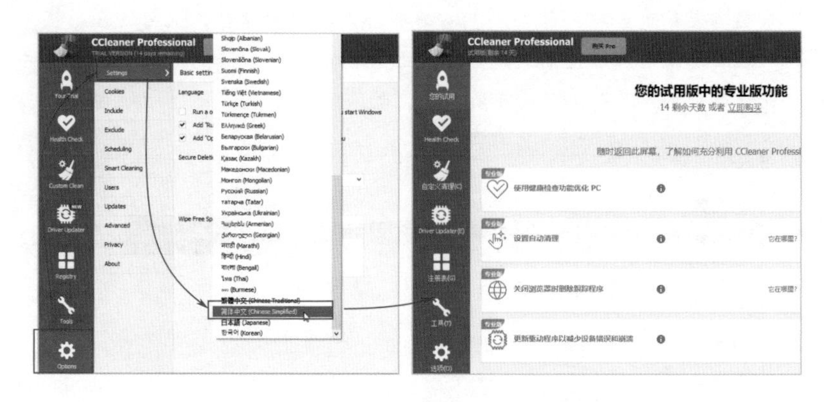

图9-4

（2）启动扫描

在清理前，需要对系统和软件进行扫描，以筛选并定位垃圾文件，为接下来的清理做好准备。

切换到“自定义清理”选项卡，勾选左侧需要扫描及清理的选项，单击“分析”按钮。分析完成后，可以查看分析报告，如图9-5所示。双击某分类后，可以查看垃圾文件的具体内容和位置。

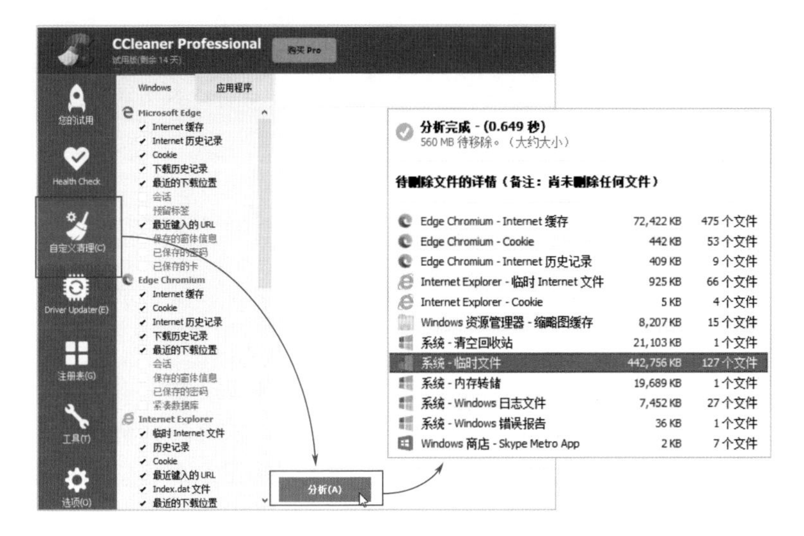

图9-5

（3）执行清理

扫描完毕后就可以执行清理了，用户保持默认参数即可。单击“运行清理程序”按钮，在弹出的确认提示中，单击“继续”按钮，如图9-6所示。清理完毕后，可以查看清理结果。

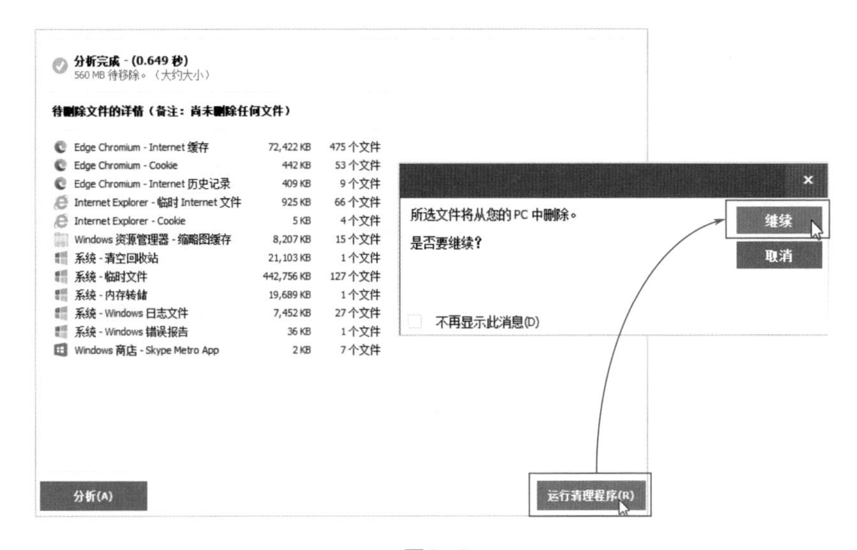

图9-6

知识链接：

除了可以清理Windows系统垃圾外，在主界面中切换到“应用程序”选项卡，可以分析并清理其他软件中的垃圾。

9.1.3 使用腾讯手机管家清理手机垃圾

手机与电脑一样，在使用过程中，会产生各种系统垃圾和应用程序的缓存。如果不及时清理，会影响手机的速度并占用大量的内存空间。腾讯手机管家操作简单，清理速度快，清理效果也不错。

下载并安装腾讯手机管家App，并启动它，系统会自动对手机进行全方位的检查，稍等片刻，单击“一键优化”按钮，系统会罗列出需要优化的项目，单击“清理”按钮，分析完毕后单击“放心清理”按钮清理，如图9-7所示。

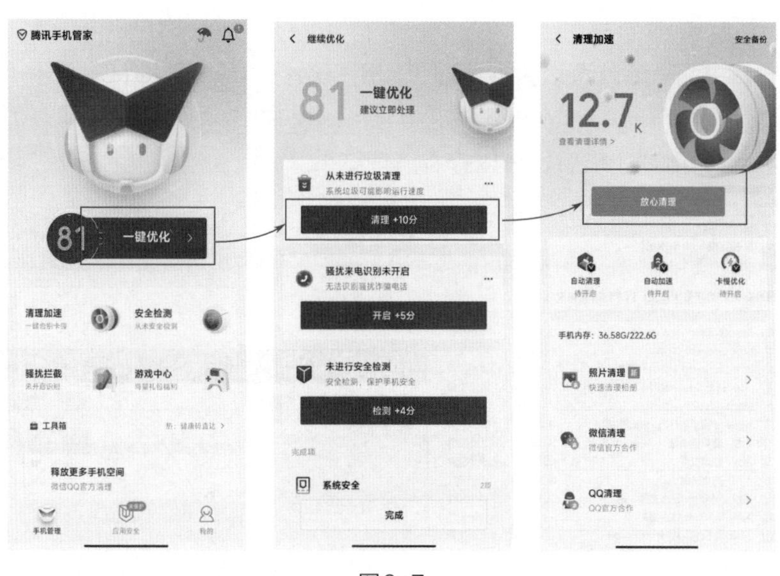

图9-7

返回到主界面，单击“清理加速”按钮，在打开的“清理加速”界面中可根据需要进行照片清理、微信清理、QQ清理、文件管理、软件缓存、软件卸载等操作，如图9-8所示。

在主界面中单击“安全检测”按钮，在打开的界面中单击“立即检测”按钮（图9-9），系统会对网络、病毒、系统、账号、隐私、支付功能进行检测。随后，用户可在显示的检测报告中进行更新、删除等操作。

图9-8

图9-9

9.2 注册表的清理

简单理解，注册表就像是系统中各种功能开关的集合，控制系统中各种功能的开启和关闭。另外，注册表也存放着系统中各种设置和软件的运行参数，系统在启动时会读取注册表，并根据设置完成Windows的初始化。所以注册表非常重要，在维护系统时，也需要经常对注册表进行清理，很多第三方的软件都有注册表清理功能。

9.2.1 使用CCleaner清理注册表

使用CCleaner可以快速地清理软件卸载残留信息、无用的注册表项以及其他的注册表垃圾。

启动CCleaner，从“注册表”选项卡中勾选需要扫描的项目，单击“扫描问题”按钮，选择需要清理的注册表项目，单击“查看选定问题”按钮，如图9-10所示。

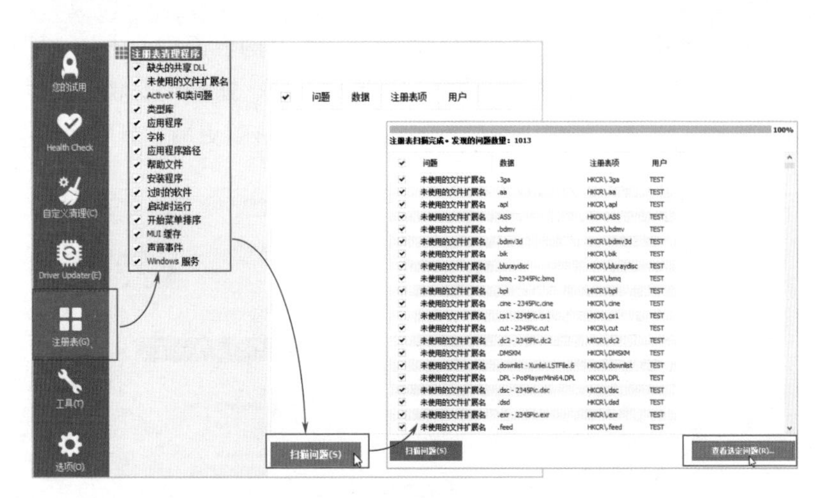

图9-10

系统询问是否备份注册表，单击“是”按钮，选择保存位置后，单击“保存”按钮，在打开的提示界面中，单击“修复所有选定的问题”按钮，软件会自动启动修复，并按照默认策略对注册表进行优化，如图9-11所示。

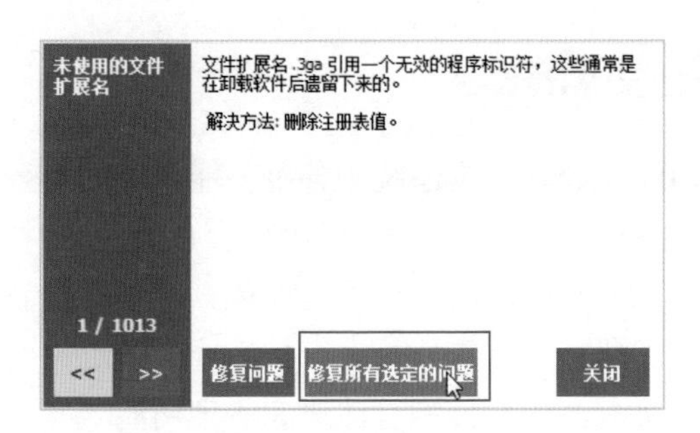

图9-11

9.2.2 使用Wise Registry Cleaner清理注册表

Wise Registry Cleaner是安全的注册表清理工具，可以安全快速地扫描，查找无效的注册表信息并清理。Wise Registry Cleaner扫描Windows注册表并查找注册表中的不正确或过时的信息。

下载并安装该软件后，启动该软件。由于是第一次运行，所以软件提示是否先备份注册表，以防止删除注册表项目造成系统不稳定。这里单击“是”按钮，如图9-12所示。

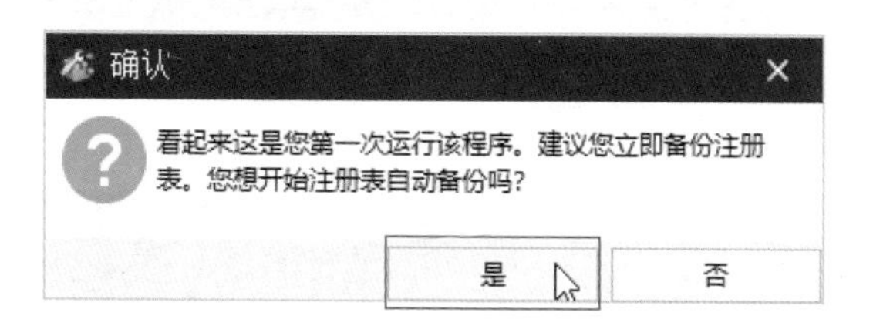

图9-12

在弹出的界面中单击“创建完整的注册表备份”按钮，备份完毕后，返回Wise Registry Cleaner主界面。在“注册表清理”选项卡中单击“快速扫描”按钮，软件会按照分类扫描注册表，完成后会列出扫描到的问题。单击“开始清理”按钮，启动清理，如图9-13所示。

图9-13

除了对注册表信息进行清理外，还可以对注册表进行整理。在“注册表整理”选项卡中，单击“开始分析”按钮，打开整理列表，单击“开始整理”按钮，启动注册表整理，如图9-14所示。注册表整理时会自动创建还原点。整理后，会重启电脑。通过注册表整理，注册表的读取和使用更有效率，也间接提高了电脑的速度。

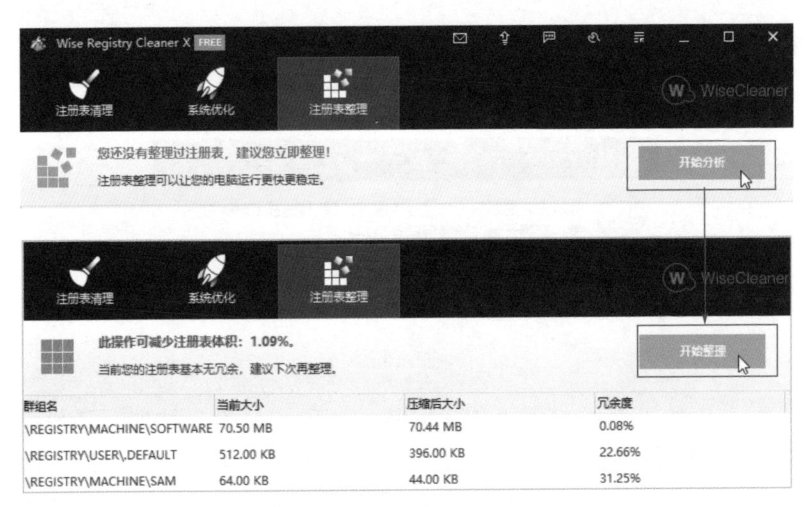

图9-14

知识链接:

除了注册表的清理和整理外，该软件还可以对系统进行优化，如图9-15所示。

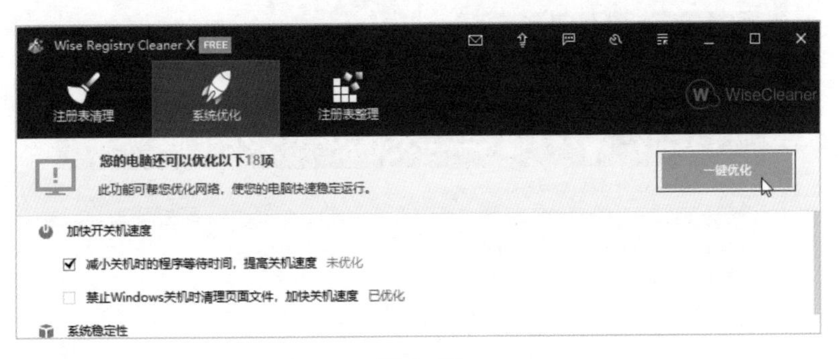

图9-15

9.3 电脑弹窗广告的屏蔽

很多正规和非正规的软件都会带有弹窗广告，会妨碍正常办公。除了选择正规软件并设置不允许弹窗外，还可以使用很多第三方软件来屏蔽弹窗广告。

9.3.1 使用火绒安全软件屏蔽弹窗

火绒安全软件中的“弹窗拦截”功能可以有效地屏蔽弹窗广告。启动火绒安全软件，在主界面中单击“安全工具”按钮，在“系统工具”组中，单击“弹窗拦截”按钮，如图9-16所示。

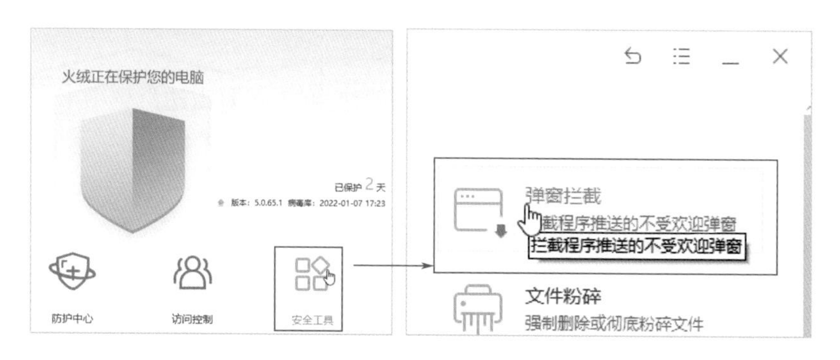

图9-16

该功能会自动下载且启动，并返回到主界面。火绒会自动扫描本地安装的软件，并对所有有弹窗的软件启动拦截。单击右下角的“窗口记录”按钮，在新窗口中单击“开启记录”按钮，如图9-17所示，就可开启弹窗记录，以便后期用来分析弹窗软件。

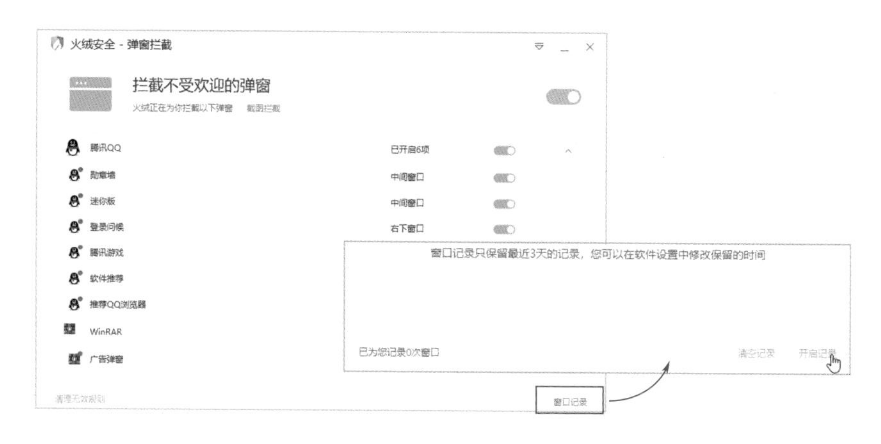

图9-17

知识链接：

如果有弹窗，则会被记录下来，包括哪些软件的弹窗、弹窗的截图、弹窗的时间、弹窗的次数等。

☆9.3.2 使用权限雷达屏蔽弹窗

权限雷达是腾讯电脑管家配备的用来屏蔽弹窗的组件，口碑和效果都不错，下面介绍该组件的使用方法。

启动腾讯电脑管家后，在主界面中切换到“权限雷达”选项卡，单击“立即管理”按钮，如图9-18所示。

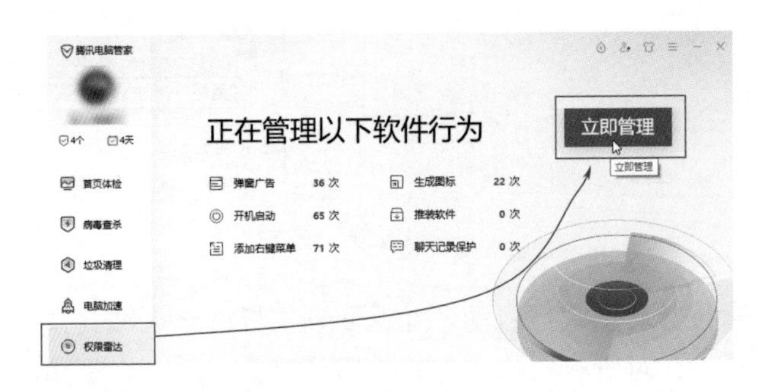

图9-18

权限雷达会自动扫描本地的软件，并将所有有弹窗活动的软件罗列出来。勾选需要阻止弹窗的软件，单击“一键阻止”按钮。在完成界面中启动“未阻止权限提示”功能，如图9-19所示。

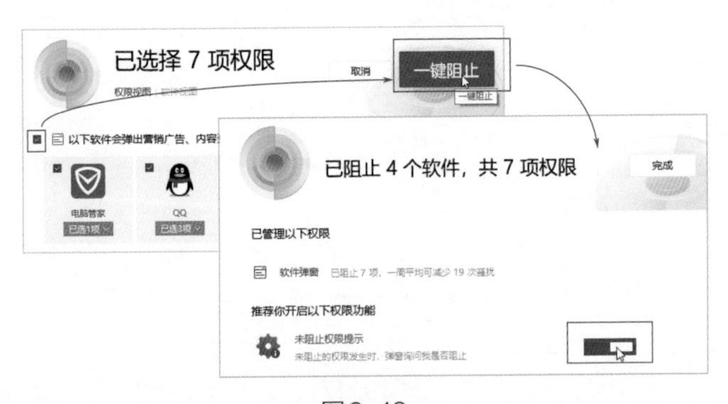

图9-19

知识链接：

权限雷达除了可以阻止弹窗，还可以阻止软件开机启动、自动生成图标、添加右键菜单等。

9.4 软件故障处理和灾难恢复

如果电脑在使用过程中产生了问题，可以使用第三方软件进行检测。对于一些常见问题，可以自动判断并自动修复。

如果系统出现了问题，除了重装系统外，还可以使用一些方法进行恢复，如使用火绒软件或电脑管家进行修复。

9.4.1 使用火绒安全软件修复系统

在火绒“安全工具”中找到并单击“系统修复”按钮，单击“开始扫描”按钮，火绒会自动检查系统故障，如图9-20所示。

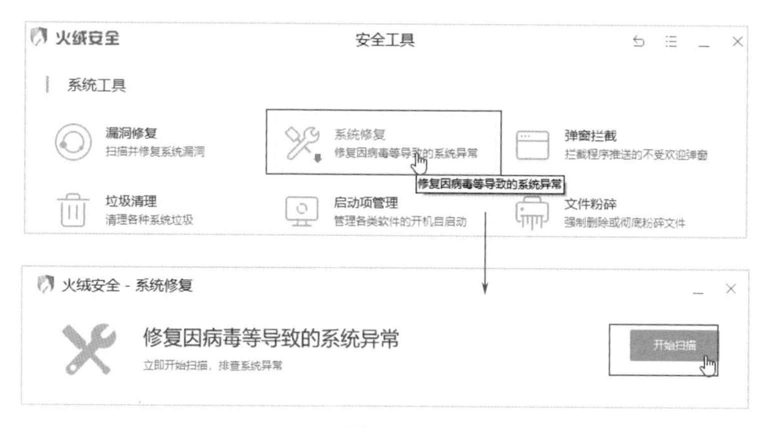

图9-20

如果存在系统异常，火绒会自动排除，非常方便。

如果网络出现了问题，例如出现无法联网，无法打开网页，或无法登录客户端等情况，可在“安全工具”中找到并单击“断网修复”按钮，如图9-21所示。

图9-21

在弹出的“断网修复”界面中单击“全面检查”按钮，如图9-22所示。

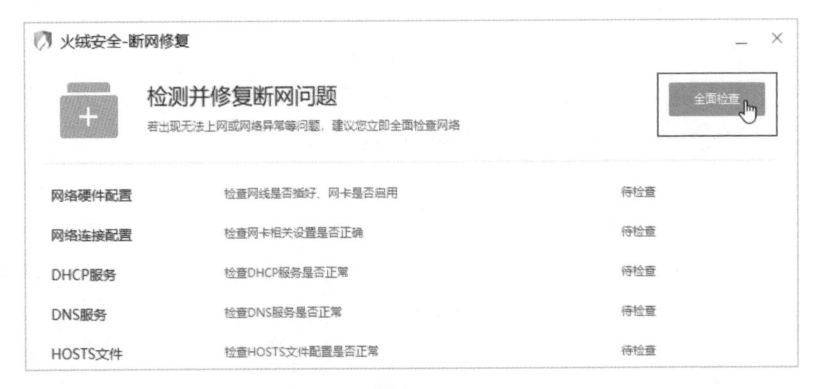

图9-22

软件会自动启动检查，并弹出异常项目。单击“立即修复”按钮，启动修复，如图9-23所示。

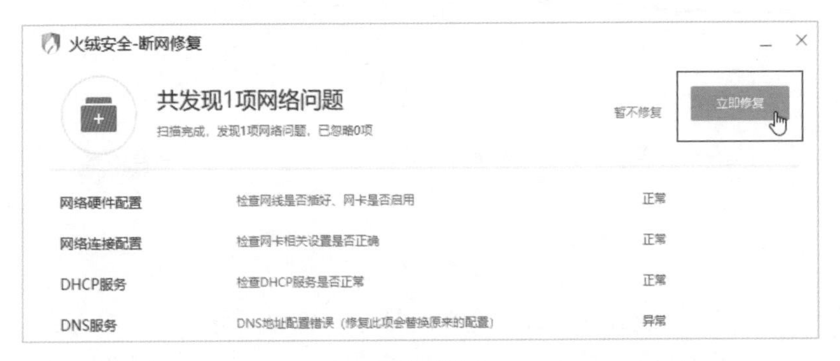

图9-23

修复完毕，单击“立即验证”按钮，打开浏览器进行验证，如图9-24所示。

图9-24

9.4.2 使用腾讯电脑管家修复故障

使用腾讯电脑管家也可对电脑常见故障进行修复。在“工具箱”选项卡中单击“电脑诊所”按钮，如图9-25所示。

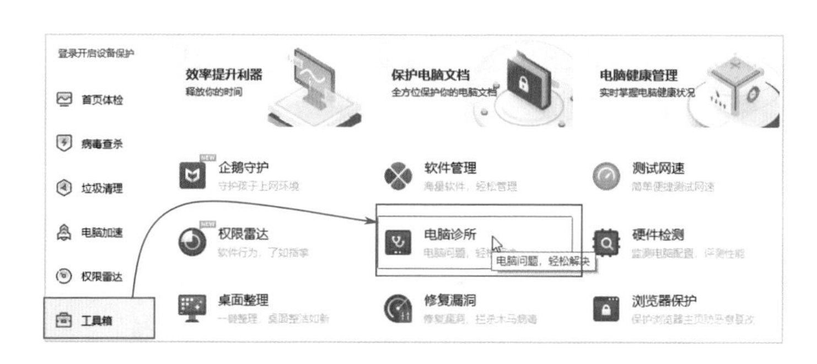

图9-25

在列表中可单击对应的故障，也可以通过故障搜索解决方法，即输入故障名称，单击“搜索”按钮，如图9-26所示。

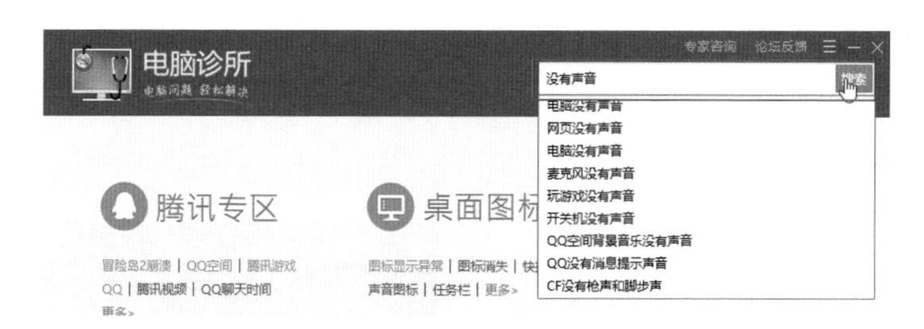

图9-26

在结果列表中单击“电脑没有声音”卡，在打开的界面中单击“立即修复”按钮，如图9-27所示，软件会自动修复，并报告已经修复，用户可以检测故障是否已经排除。

图9-27

9.4.3 灾难恢复

在Windows 10系统中，用户可通过“重置此电脑”功能将系统恢复到初始安装状态，如图9-28所示。可以选择删除用户的应用和设置，但保留用户的个人文件。

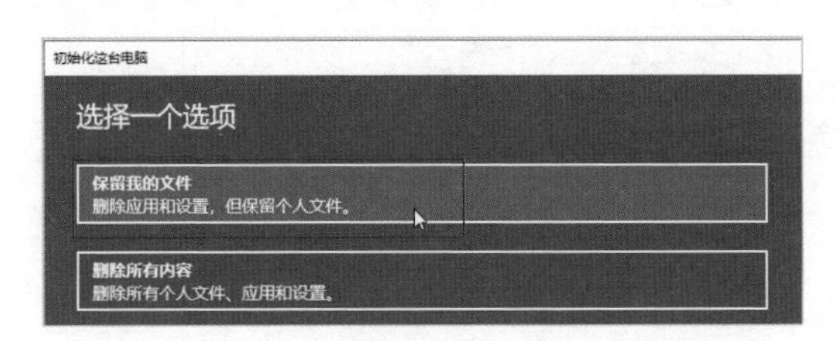

图9-28

如要保存软件并重装系统，可使用“系统更新”功能，通过官方的更新软件或者新系统的ISO文件升级系统。升级系统时会保留当前用户的文件和所有安装的软件，如图9-29所示。也可以通过“高级选项”来修复故障，如图9-30所示。

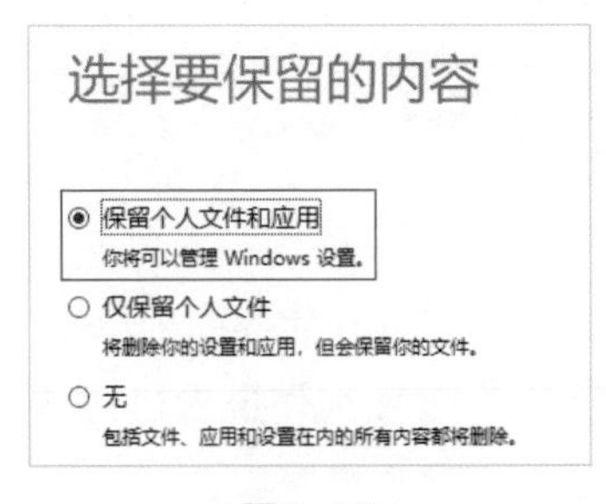

图9-29

图9-30

如果忘记密码，可通过PE系统中的清除密码工具清除密码或更换密码，如图9-31所示。在PE中还可进行系统引导的修复，如图9-32所示。若出现无法进入系统而需要转移文件的情况，可通过PE环境复制文件，从而在最大程度上挽回损失。

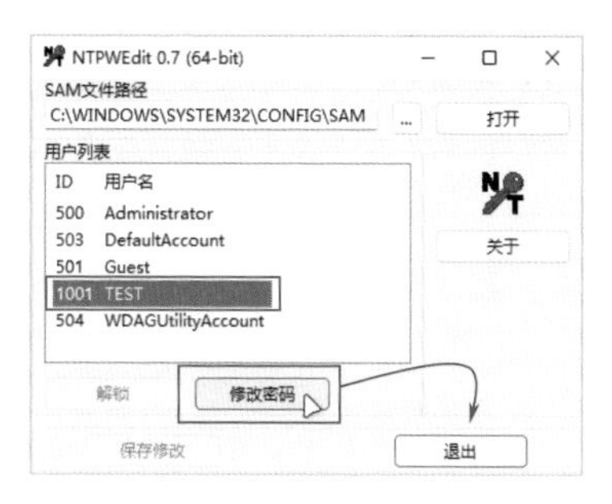

图9-31

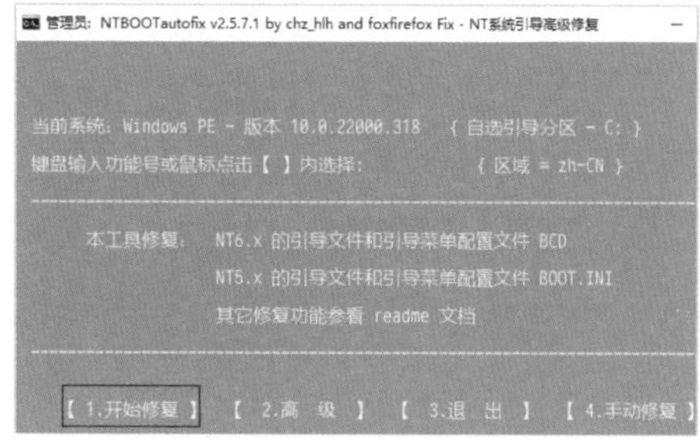

图9-32

9.5 常见系统优化设置

在使用系统过程中，可根据用户自己的使用习惯对系统进行个性化设置，来提高使用的舒适性和效率。下面介绍一些常见的系统优化设置，通过设置，可以提高系统运行速度、安全性及节约系统空间。

9.5.1 管理开机启动项目

在系统开机时，除了系统程序外，一些第三方的软件会随系统启动，从而增加系统的开机时间，也会占用部分系统资源。这时可禁止这些软件开机启动。禁止的方法有很多，下面介绍使用火绒禁用软件开机启动。

启动火绒安全软件，在“安全工具”中找到并单击“启动项管理”按钮，如图9-33所示。

单击所需禁止开机的程序后的“允许启动”下拉按钮，选择“禁止启动”选项即可，如图9-34所示。

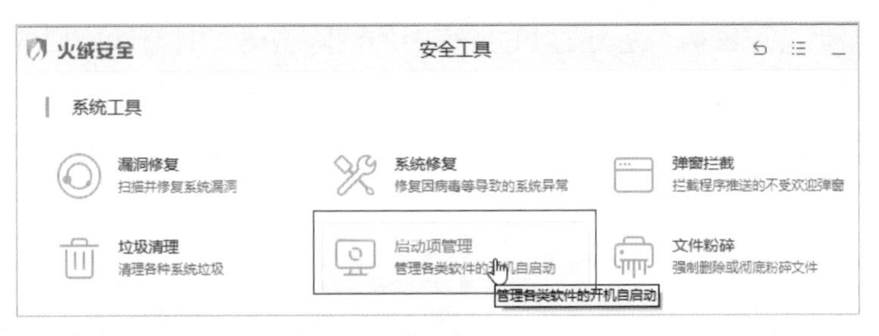

图9-33

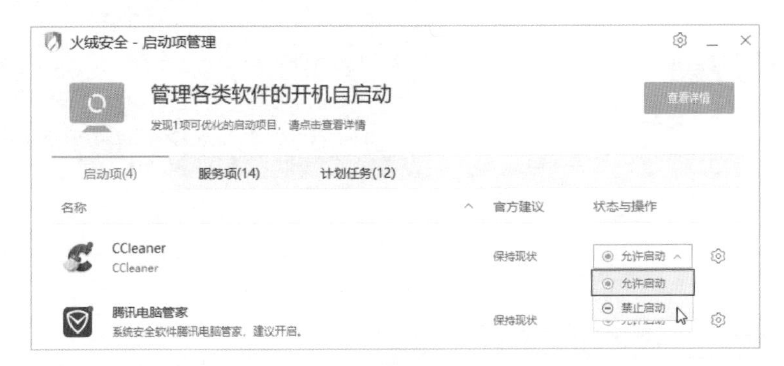

图9-34

9.5.2 管理系统默认目录

系统很多文件默认存储位置在C盘，用户可将其设置到其他位置来节省空间。

按Win+I组合键打开“设置”界面，选择“系统”选项，在“存储”选项卡中单击“更改新内容的保存位置”链接，如图9-35所示。

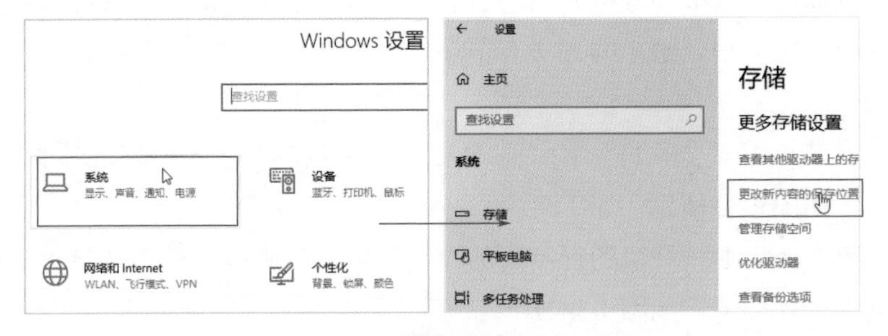

图9-35

将新程序的默认位置调整到其他盘，单击“应用”按钮即可，如图9-36所示。

知识链接：

用户也可以进入到系统文件夹的“属性”界面，在“位置”选项卡中选择其他盘的文件夹。

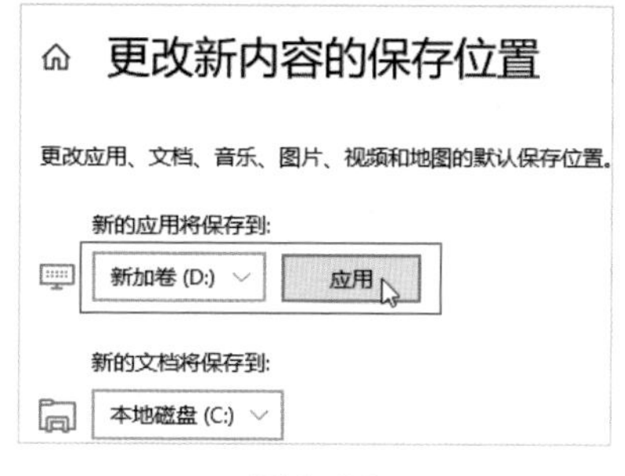

图9-36

9.5.3 设置系统默认打开方式

音乐、图片、网页等都有默认的打开方式。通过设置，可将默认打开方式更换为其他程序。使用Win+I组合键进入到“设置”界面，单击“应用”按钮，从“默认应用”选项卡中找到需要更换默认应用的项目，单击后，从列表中选择更换的默认应用即可，如图9-37所示。

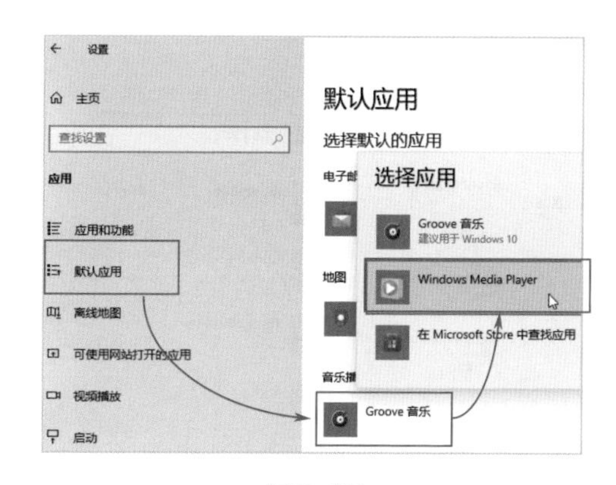

图9-37

9.5.4 设置文件的默认打开程序

除了默认应用外，用户也可根据文件扩展名指定打开的程序，或者根据程序选择打开指定格式的文件。对于安装了第三方软件后被强行更改了文件默认打开程序的情况，可以使用以下方法进行恢复。

在“默认应用”界面中，找到并单击“按文件类型指定默认应用”

链接，从列表找到要设置的扩展名，如常见的“.docx”，并单击其后的Word图标，从列表中选择打开该类型文件的默认应用，如图9-38所示。

图9-38

除了按照扩展名指定打开程序外，还可以通过程序指定打开的文件类型。在“默认应用”界面，单击“按应用设置默认值”链接，找到应用，如Excel，选择后单击“管理”按钮，如图9-39所示，从列表中找到扩展名，修改成其他的程序即可。

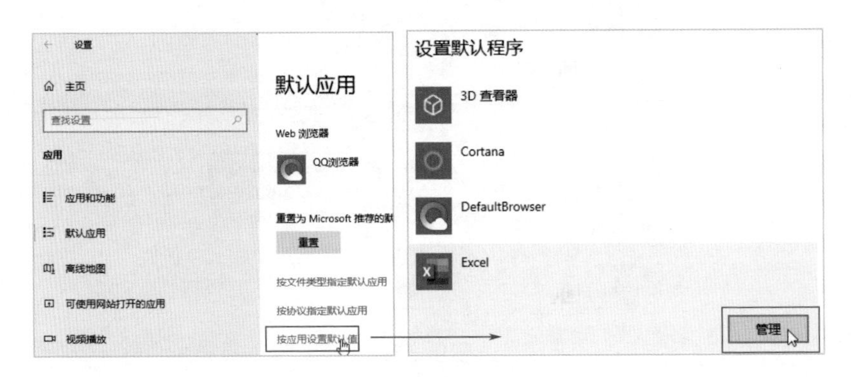

图9-39